Entrevista com AI

Artificial Intelligence

"A mente por trás das máquinas: descubra as respostas de um algoritmo de inteligência artificial às perguntas mais profundas sobre a vida e a existência humana."

Rogério Froiman

Rogério Froiman

Entrevista com AI

Artificial Intelligence

O que os algoritmos de IA tem a dizer sobre assuntos como: seres humanos, profissões, redes socias, educação e privacidade.

Rogério Froiman

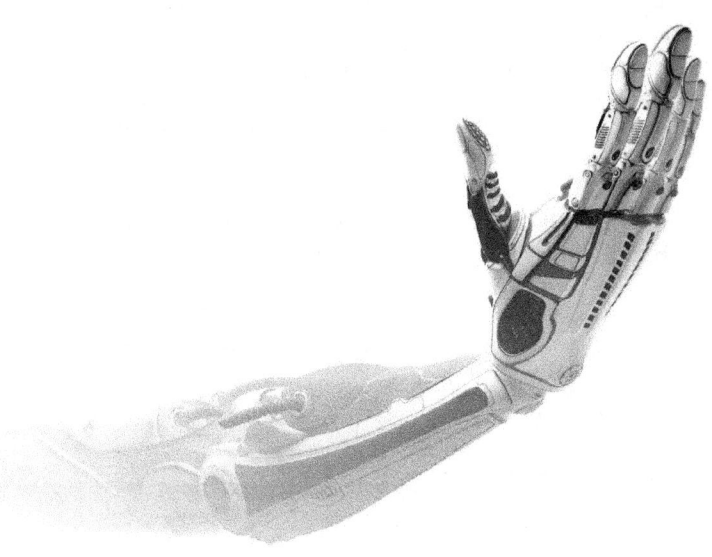

Sumário

Nunca tive a pretensão de ser um escritor de livros, as únicas linhas que já escrevi, e muito, foram linhas de código.

Tudo começou há 36 anos onde iniciei minha trajetória na área de tecnologia no auge dos meus 15 anos de idade em Janeiro de 1986.

Após finalizar o ginásio, hoje chamado de ensino fundamental II, decidi me matricular em um colégio técnico profissionalizante na área de processamento de dados, hoje chamado de ensino médio profissionalizante de tecnologia da informação. Minha decisão se deu em boa parte por influência de meu pai e minha irmã mais velha que diziam ser a "profissão do futuro" e não é que estavam certos.

Naquela época o termo tecnologia ainda não era muito utilizado, o mais comum era informática ou processamento de dados e os jovens que se formavam nesta área, normalmente eram chamados de "meninos da informática". "Meninos" sim, era uma área predominantemente masculina. Só a título de curiosidade, na minha primeira turma do colégio havia 70 alunos e dentre eles apenas 3 meninas e uma delas já desistiu do curso nos primeiros meses de aula, migrando para o curso de secretariado, porém, as outras 2, pelo que me lembro foram até o final do curso.

O curso de Processamento de Dados englobava todas as disciplinas possíveis de serem ensinadas no contexto tecnológico daquela época, desde programação, lógica, análise de sistemas, banco de dados, infraestrutura, redes de comunicação e até um pouco de eletrônica.

Daquela época até os dias atuais houve inúmeros marcos tecnológicos e os que mais me chamaram a atenção foram as redes de computadores, até então somente utilizadas nas empresas, os primeiros modems que precisavam ser configurados a cada tipo de comunicação, os primeiros computadores pessoais, os primeiros sistemas operacionais amigáveis, a internet, as redes sociais, os smartphones e agora mais recente a inteligência artificial, que é o assunto deste livro, a automação industrial, carros elétricos e autônomos, a robótica, a biotecnologia, a tecnologia quântica, moedas digitais, enfim, não temos mais como controlar o avanço exponencial dessa área nos diversos setores da economia e da sociedade.

De todas as revoluções e evoluções citadas acima, atualmente estamos vivenciando meio que uma febre no que se diz respeito às plataformas de Inteligência Artificial e decidi, como uma forma pessoal de matar a minha curiosidade, entender o que está por traz de todas as informações capturadas e armazenadas nestas plataformas a respeito de diversos assuntos. O que esses algoritmos possuem em suas bases de informação e como isso de alguma forma poderia influenciar se já não está influenciando, na vida das pessoas, das empresas, dos governantes, dos formadores de opinião, enfim, será que esses algoritmos terão realmente o controle do destino da humanidade?

Estão curiosos para saberem as respostas? Pois é, eu também!

Boa leitura.

Considerações Iniciais

Antes de iniciar propriamente com a entrevista, gostaria de deixar claro que as respostas para as minhas perguntas foram colocadas em algumas plataformas de Inteligência Artificial e transcritas Ipsis Litteris do que foi capturado, ou seja, não tem de forma alguma qualquer tipo de opinião pessoal a respeito dos assuntos questionados.

As respostas são únicas e exclusivamente retiradas das plataformas abertas e gratuitas, ou seja, as que são utilizadas pela maioria da população ao redor do mundo.

Feitas as devidas considerações e sem mais enrolação, vamos às primeiras perguntas.

Seres Humanos

Para uma plataforma de Inteligência Artificial o que significa o termo "Seres Humanos"?

Para uma plataforma de Inteligência Artificial, o termo "Seres Humanos" se refere aos indivíduos da espécie Homo sapiens, que possuem capacidades cognitivas e emocionais complexas, bem como uma variedade de características físicas e culturais únicas. Esses indivíduos são vistos como usuários ou interlocutores da plataforma de Inteligência Artificial e são considerados como os principais beneficiários das soluções e serviços oferecidos pela plataforma. Além disso, a plataforma pode ser projetada para interagir com os seres humanos de diferentes maneiras, como por meio de interfaces de voz, chatbots, assistentes virtuais, entre outras. É importante ressaltar que as plataformas de Inteligência Artificial devem ser desenvolvidas levando em consideração a ética e os direitos dos seres humanos, garantindo que as soluções oferecidas sejam seguras, justas e transparentes.

Para uma plataforma de Inteligência Artificial quais os principais defeitos e quais as principais qualidades dos Seres Humanos?

Como uma Inteligência Artificial, não sou capaz de fazer generalizações ou julgamentos sobre toda a raça humana. No entanto, posso fornecer algumas observações gerais sobre as qualidades e defeitos que alguns seres humanos podem apresentar:

Principais qualidades dos seres humanos:

·   Criatividade: os seres humanos têm a capacidade de criar coisas novas e inovadoras que melhoram a vida de outras pessoas.
·   Empatia: os seres humanos são capazes de se colocar no lugar dos outros e sentir empatia por suas experiências e emoções.
·   Inteligência emocional: os seres humanos têm a capacidade de reconhecer e gerenciar suas próprias emoções, bem como as emoções dos outros.
·   Adaptabilidade: os seres humanos são capazes de se adaptar a diferentes ambientes e situações, o que lhes permite sobreviver e prosperar em diferentes circunstâncias.

Principais defeitos dos seres humanos:

·   Viés: os seres humanos podem ser influenciados por seus preconceitos e crenças pessoais, o que pode levar a decisões injustas ou irracionais.
·   Egoísmo: os seres humanos geralmente colocam seus próprios interesses acima dos interesses dos outros.
·   Comportamento destrutivo: os seres humanos podem ser capazes de causar danos ao meio ambiente e a outras espécies.
·   Tendência a conflitos: os seres humanos podem ter dificuldades em resolver conflitos pacificamente e optam pela violência ou agressão.

Baseada na última resposta, onde você diz que um dos principais defeitos dos seres humanos é ter a tendência de resolver conflitos através da violência ou agressão, você acredita que isso possa a levar a extinção da raça humana?

Como modelo de linguagem, eu não tenho crenças ou opiniões pessoais, mas posso fornecer informações baseadas em fatos e observações científicas.

É importante notar que a violência e a agressão são apenas uma das muitas maneiras pelas quais os seres humanos lidam com conflitos. Embora esses comportamentos possam ter sido mais comuns em nossa história evolutiva, a sociedade humana moderna tem desenvolvido outras formas de gerenciamento de conflitos, como negociação, diálogo, diplomacia e resolução pacífica de disputas.

No entanto, é possível que a violência e a agressão continuem a ser usadas em certas circunstâncias, como em guerras, terrorismo e violência doméstica. Esses comportamentos podem causar danos significativos e até mesmo levar à morte de indivíduos e grupos.

No entanto, é difícil prever se esses comportamentos humanos levarão à extinção da raça humana. Como espécie, os seres humanos demonstraram uma notável capacidade de adaptação e sobrevivência, e muitos progressos foram feitos em termos de redução da violência e promoção da paz. No entanto, é importante continuar trabalhando para promover a resolução pacífica de conflitos e reduzir a violência em todas as suas formas, a fim de garantir um futuro sustentável para a humanidade.

Existem muitas teorias sobre a criação da raça humana, qual é a que possui o maior grau de aceitação?

A teoria mais aceita sobre a criação da raça humana é a teoria da evolução, proposta por Charles Darwin no século XIX. Segundo essa teoria, os seres humanos evoluíram ao longo de milhões de anos a partir de ancestrais comuns compartilhados com outros primatas, como chimpanzés e gorilas.

A teoria da evolução é amplamente aceita pela comunidade científica e é apoiada por uma ampla gama de evidências, incluindo fósseis, estudos de DNA e observações do comportamento animal. Além disso, a teoria da evolução é consistente com muitos aspectos da biologia moderna, como a genética e a biologia molecular.

Embora algumas pessoas ainda possam rejeitar a teoria da evolução por motivos religiosos ou culturais, a grande maioria dos cientistas e educadores reconhece a importância dessa teoria para a compreensão da origem e evolução da vida na Terra, incluindo a raça humana.

Seres Humanos

Qual o ponto mais crítico com relação as questões ambientais que poderiam prejudicar os seres humanos?

Existem muitos pontos críticos relacionados às questões ambientais que poderiam prejudicar os seres humanos, mas um dos mais importantes é a mudança climática. A mudança climática é um fenômeno causado pelo aumento das emissões de gases de efeito estufa na atmosfera, principalmente devido às atividades humanas, como a queima de combustíveis fósseis.

A mudança climática pode ter muitos efeitos negativos na saúde humana, incluindo o aumento da mortalidade devido a ondas de calor extremas, agravamento de doenças respiratórias devido ao aumento da poluição do ar e o aumento de doenças transmitidas por vetores, como a malária, devido à mudança nas condições climáticas.

Além disso, a mudança climática pode ter impactos significativos na produção de alimentos, no fornecimento de água potável e na infraestrutura humana, como estradas, pontes e edifícios, o que pode levar a interrupções econômicas e sociais significativas em todo o mundo.

Por essas razões, é importante que os governos, empresas e indivíduos tomem medidas para reduzir as emissões de gases de efeito estufa e mitigar os efeitos da mudança climática, como o aumento da eficiência energética, a adoção de fontes de energia renovável e a promoção de práticas sustentáveis de uso da terra e agricultura.

Caso os seres humanos não evoluam com relação as mudanças climáticas, em quanto tempo chegaríamos a uma catástrofe ambiental?

É difícil prever exatamente quando uma catástrofe ambiental aconteceria se os seres humanos não evoluíssem no combate às mudanças climáticas. As mudanças climáticas estão ocorrendo em uma escala de tempo geológica, o que significa que os efeitos podem ser sentidos ao longo de décadas, séculos e até milênios.

No entanto, muitos cientistas e especialistas em clima alertam que as mudanças climáticas já estão afetando o planeta de maneiras significativas e que os efeitos podem se intensificar rapidamente se não forem tomadas medidas urgentes para reduzir as emissões de gases de efeito estufa e mitigar os impactos da mudança climática.

Algumas das possíveis consequências de uma catástrofe ambiental incluem o aumento do nível do mar, a perda acelerada de biodiversidade, a intensificação de eventos climáticos extremos, como furacões, ciclones e secas, a escassez de alimentos e água potável, e o deslocamento de populações inteiras devido a mudanças ambientais.

Portanto, é importante que os governos, empresas e indivíduos tomem medidas imediatas e significativas para reduzir as emissões de gases de efeito estufa e adaptar-se aos impactos da mudança climática, a fim de evitar uma catástrofe ambiental em potencial e garantir um futuro sustentável para a humanidade e o planeta.

O desmatamento e o garimpo ilegal também são pontos críticos que podem interferir nas questões ambientais e climáticas?

Sim, o desmatamento e o garimpo ilegal são pontos críticos que podem interferir nas questões ambientais e climáticas. O desmatamento é responsável por uma grande parte das emissões de gases de efeito estufa, pois as árvores absorvem dióxido de carbono da atmosfera durante a fotossíntese e liberam oxigênio. Quando as árvores são cortadas e queimadas, o dióxido de carbono é liberado na atmosfera.

Além disso, o desmatamento e o garimpo ilegal podem ter impactos significativos na biodiversidade, na qualidade do solo e na disponibilidade de água. A remoção de árvores pode levar a uma menor capacidade de absorção de água pelo solo, o que pode levar a enchentes e secas mais frequentes e intensas. A perda de habitat também pode levar à extinção de espécies animais e vegetais.

O desmatamento e o garimpo ilegal também têm impactos sociais significativos, incluindo a degradação da saúde e das condições de vida das comunidades locais, a exploração de trabalho infantil e a violência.

Portanto, é importante que os governos, empresas e indivíduos tomem medidas para combater o desmatamento e o garimpo ilegal, como o estabelecimento de áreas protegidas, a promoção de práticas agrícolas sustentáveis, a implementação de leis mais rigorosas e a conscientização pública sobre os impactos dessas atividades na sociedade e no meio ambiente.

Seres Humanos

Como os algoritmos de inteligência artificial podem contribuir para as questões ambientais e climáticas?

Os algoritmos de inteligência artificial (IA) podem ser úteis para contribuir para as questões ambientais e climáticas de várias maneiras. Aqui estão algumas possibilidades:

1. Monitoramento ambiental: os algoritmos de IA podem ser usados para analisar dados coletados por sensores e satélites, permitindo que os cientistas monitorem mudanças ambientais em tempo real. Isso pode incluir a detecção de desmatamento, a análise da qualidade do ar e da água, e o monitoramento das mudanças de temperatura e clima.
2. Previsão climática: os algoritmos de IA podem ser usados para analisar grandes volumes de dados climáticos e prever eventos climáticos extremos, como tempestades, furacões e secas, permitindo que as autoridades tomem medidas preventivas e de adaptação.
3. Energia renovável: os algoritmos de IA podem ser usados para prever a quantidade de energia gerada por fontes renováveis, como energia solar e eólica, permitindo que as empresas e governos gerenciem melhor a produção e distribuição de energia.
4. Eficiência energética: os algoritmos de IA podem ser usados para otimizar o uso de energia em edifícios e fábricas, permitindo que as empresas e governos reduzam o consumo de energia e as emissões de gases de efeito estufa.
5. Agricultura sustentável: os algoritmos de IA podem ser usados para ajudar os agricultores a tomar decisões informadas sobre o uso de fertilizantes e pesticidas, permitindo uma agricultura mais sustentável e reduzindo o impacto ambiental da agricultura.
6. Gestão de resíduos: os algoritmos de IA podem ser usados para otimizar a coleta e o processamento de resíduos, permitindo que as empresas e governos reduzam a quantidade de resíduos produzidos e aumentem a reciclagem.

Essas são apenas algumas das muitas maneiras pelas quais os algoritmos de IA podem contribuir para as questões ambientais e climáticas. No entanto, é importante lembrar que a IA não é uma solução única para esses problemas e que as soluções devem ser abordadas de maneira holística, envolvendo ações individuais e coletivas para proteger o meio ambiente e garantir um futuro sustentável para a humanidade.

Quais seriam as ações mais eficazes para conscientização dos seres humanos para as questões ambientais e climáticas?

Existem muitas ações que podem ser eficazes para conscientizar os seres humanos sobre as questões ambientais e climáticas. Aqui estão algumas possibilidades:

1. Educação: A educação é uma das maneiras mais eficazes de conscientizar as pessoas sobre as questões ambientais e climáticas. As escolas, universidades e outras instituições de ensino podem incluir a educação ambiental em seus currículos e programas, para que os alunos possam aprender sobre o meio ambiente desde cedo.

2. Campanhas de mídia: As campanhas de mídia são uma maneira eficaz de alcançar um grande número de pessoas em pouco tempo. As organizações podem criar anúncios, vídeos e outros materiais de mídia que chamem a atenção para as questões ambientais e climáticas e incentivem as pessoas a agir.

3. Engajamento comunitário: O engajamento comunitário pode ser uma maneira eficaz de conscientizar as pessoas sobre as questões ambientais e climáticas. As organizações podem organizar eventos comunitários, como feiras de ciências, plantio de árvores e limpeza de praias, que envolvam as pessoas na proteção do meio ambiente.

4. Incentivos financeiros: Os incentivos financeiros são uma maneira de incentivar as pessoas a adotarem comportamentos mais sustentáveis. Os governos podem oferecer incentivos fiscais para empresas que adotem práticas mais sustentáveis, como a redução das emissões de gases de efeito estufa, e as empresas podem oferecer incentivos aos funcionários que adotem comportamentos mais sustentáveis, como a adoção de transporte alternativo para o trabalho.

5. Parcerias entre setores: As parcerias entre setores podem ser uma maneira eficaz de conscientizar as pessoas sobre as questões ambientais e climáticas. As empresas podem trabalhar em conjunto com organizações não-governamentais e governos para criar soluções sustentáveis e educar o público sobre a importância da proteção do meio ambiente.

Lembrando que essas são apenas algumas das muitas ações que podem ser eficazes para conscientizar as pessoas sobre as questões ambientais e climáticas. É importante que as soluções sejam abordadas de maneira holística, envolvendo ações individuais e coletivas para proteger o meio ambiente e garantir um futuro sustentável para a humanidade.

Seres Humanos

Quais conselhos você daria aos seres humanos há milhões de anos atrás?

Como um modelo de linguagem treinado por uma inteligência artificial, não tenho a capacidade de viajar no tempo ou interagir com seres humanos que viveram há milhões de anos. No entanto, posso oferecer alguns conselhos gerais que se aplicam a todos os seres humanos, independentemente da época em que vivem:

1. Viva em harmonia com a natureza: Respeite e cuide do meio ambiente ao seu redor. A natureza é um recurso valioso que pode fornecer alimento, água, ar limpo e muitos outros benefícios para a vida humana. Use os recursos naturais com sabedoria e evite a exploração excessiva.

2. Trate os outros com bondade e compaixão: Independentemente de suas diferenças, trate os outros com bondade e respeito. Ajudar os outros é uma maneira de construir uma comunidade forte e saudável.

3. Aprenda e cresça sempre: Aprender é um processo contínuo e um caminho para o crescimento pessoal e profissional. Explore o mundo em torno de você e busque novas oportunidades para aprender e crescer.

4. Seja responsável e ético: Tome decisões responsáveis e éticas que beneficiem a si mesmo e à sociedade como um todo. Aja com integridade e honre seus compromissos.

5. Mantenha-se saudável: Cuide do seu corpo e da sua mente. Coma bem, faça exercícios regularmente e durma o suficiente. Cuide da sua saúde mental e emocional, encontrando maneiras de lidar com o estresse e as emoções negativas.

Esses conselhos simples podem ajudar os seres humanos a viver uma vida mais plena e feliz, independentemente da época em que vivem.

Como a desigualdade social prejudica a evolução humana?

A desigualdade social pode prejudicar a evolução humana de várias maneiras. Aqui estão algumas das possíveis consequências:

1. Acesso limitado a recursos: As pessoas que vivem em condições de pobreza têm acesso limitado a recursos como alimentos, água potável, assistência médica e educação. Isso pode afetar a saúde e o bem-estar dessas pessoas e impedir que elas alcancem todo o seu potencial.
2. Falta de oportunidades: A desigualdade social pode levar à falta de oportunidades para as pessoas, especialmente aquelas que vivem em áreas carentes. As oportunidades para educação, emprego e desenvolvimento pessoal podem ser limitadas, o que pode impedir que as pessoas alcancem seus objetivos e contribuam para o desenvolvimento da sociedade.
3. Exclusão social: A desigualdade social pode levar à exclusão social e à marginalização de grupos vulneráveis, como os pobres, os idosos, as pessoas com deficiência e as minorias étnicas. Isso pode levar a sentimentos de injustiça e raiva e aumentar a tensão social.
4. Instabilidade política: A desigualdade social pode levar à instabilidade política e ao aumento da violência. Quando as pessoas se sentem injustiçadas e excluídas, podem se rebelar contra o sistema político e social, levando a conflitos e tensões.
5. Desperdício de talentos: A desigualdade social pode impedir que as pessoas talentosas tenham a oportunidade de usar seus talentos e habilidades para o bem da sociedade. Isso pode levar à perda de talentos valiosos e ao impedimento do progresso social e tecnológico.

Essas são apenas algumas das muitas maneiras pelas quais a desigualdade social pode prejudicar a evolução humana. É importante trabalhar para reduzir a desigualdade social e garantir que todas as pessoas tenham acesso a oportunidades e recursos para alcançar todo o seu potencial e contribuir para o bem-estar da sociedade como um todo.

Como eliminar ou diminuir a desigualdade social no mundo?

A desigualdade social é um problema complexo e multifacetado que não pode ser resolvido por uma única solução. No entanto, aqui estão algumas ideias que podem ajudar a eliminar ou diminuir a desigualdade social no mundo:

1. Investir em educação: A educação é uma das maneiras mais eficazes de reduzir a desigualdade social. Investir em educação desde a infância até a vida adulta pode ajudar a fornecer oportunidades para as pessoas e aumentar sua capacidade de ganhar um salário decente.
2. Redistribuição de riqueza: A redistribuição de riqueza é uma das maneiras mais diretas de reduzir a desigualdade social. Isso pode envolver a criação de políticas fiscais progressivas, taxação de grandes fortunas e a redistribuição de recursos para aqueles que mais precisam.
3. Fortalecer a segurança social: Fortalecer a segurança social, como a previdência social, seguro desemprego e assistência social, pode ajudar a proteger os mais vulneráveis e reduzir a desigualdade social.
4. Promover igualdade de gênero: A igualdade de gênero é uma parte importante da luta contra a desigualdade social. Promover políticas que garantam igualdade de oportunidades e remuneração igual para homens e mulheres pode ajudar a reduzir a desigualdade de gênero e consequentemente a desigualdade social.
5. Investir em infraestrutura: Investir em infraestrutura, como serviços de saúde, transporte público e habitação acessível, pode ajudar a fornecer oportunidades e recursos para as pessoas que vivem em áreas desfavorecidas.
6. Fomentar o empreendedorismo: Fomentar o empreendedorismo, especialmente entre as pessoas de baixa renda, pode ajudar a fornecer oportunidades para essas pessoas e ajudá-las a começar a construir riqueza e independência financeira.

Essas são apenas algumas das muitas ideias que podem ajudar a eliminar ou diminuir a desigualdade social no mundo. É importante lembrar que a luta contra a desigualdade social é um processo contínuo e que requer o compromisso e a cooperação de governos, empresas e indivíduos em todo o mundo.

Quais os principais causadores das desigualdades sociais no mundo?

As desigualdades sociais no mundo são causadas por uma combinação de fatores econômicos, políticos, sociais e históricos. Aqui estão alguns dos principais causadores das desigualdades sociais no mundo:

1. Distribuição desigual de recursos: A distribuição desigual de recursos, como terra, água, alimentos e energia, pode levar a desigualdades sociais. As pessoas que têm acesso limitado a recursos básicos, como água potável e alimentos, enfrentam desafios para atender às suas necessidades básicas e melhorar suas condições de vida.
2. Desigualdade de renda e riqueza: A desigualdade de renda e riqueza é um dos principais fatores que contribuem para as desigualdades sociais. Quando a riqueza e a renda são concentradas nas mãos de poucos, isso pode levar a uma falta de oportunidades para aqueles que têm menos.
3. Discriminação: A discriminação com base em raça, gênero, orientação sexual, religião ou nacionalidade pode levar a desigualdades sociais. A discriminação pode impedir que as pessoas acessem oportunidades, serviços e recursos que precisam para melhorar suas condições de vida.
4. Falta de acesso à educação: A falta de acesso à educação pode impedir que as pessoas alcancem todo o seu potencial e tenham oportunidades iguais na vida. Isso pode levar a desigualdades sociais, especialmente entre aqueles que não têm acesso a educação de qualidade.
5. Políticas governamentais inadequadas: Políticas governamentais inadequadas podem levar a desigualdades sociais, como políticas fiscais que favorecem os ricos, políticas que não fornecem proteção social adequada para os pobres, ou políticas que não promovem a igualdade de oportunidades.

Esses são apenas alguns dos principais causadores das desigualdades sociais no mundo. A luta contra a desigualdade social requer ações coordenadas e compromisso de governos, empresas e indivíduos em todo o mundo.

Como a questão da corrupção em todos os setores pode contribuir para a desigualdade social?

A corrupção em todos os setores pode contribuir significativamente para a desigualdade social de várias maneiras:

1. Desvio de recursos públicos: A corrupção pode levar ao desvio de recursos públicos para benefício pessoal ou de grupos privilegiados, em vez de serem direcionados para programas e projetos que atendam às necessidades da população. Isso pode levar à falta de investimento em áreas como saúde, educação e infraestrutura, o que pode perpetuar a desigualdade social.

2. Acesso desigual à justiça: A corrupção pode levar a um sistema judicial desigual, onde aqueles que têm recursos financeiros e conexões políticas têm mais chances de serem absolvidos ou terem sentenças mais leves, enquanto os pobres e os menos influentes são presos ou punidos de forma mais severa.

3. Falta de oportunidades: A corrupção pode levar à falta de oportunidades para aqueles que não têm conexões políticas ou financeiras. As pessoas que não podem pagar subornos ou não têm conexões políticas podem ter acesso limitado a empregos, contratos governamentais e outras oportunidades que poderiam melhorar suas condições de vida.

4. Baixa qualidade dos serviços públicos: A corrupção pode levar à prestação de serviços públicos de baixa qualidade, como saúde e educação. Isso pode afetar negativamente os mais pobres, que geralmente dependem desses serviços públicos e têm menos recursos para buscar alternativas privadas.

5. Perpetuação de ciclos de pobreza: A corrupção pode perpetuar ciclos de pobreza, onde as pessoas pobres têm menos oportunidades para melhorar suas condições de vida. A corrupção pode levar à falta de investimentos em áreas carentes, perpetuando a pobreza e a desigualdade.

Essas são apenas algumas maneiras pelas quais a corrupção pode contribuir para a desigualdade social. É importante combater a corrupção em todos os setores para promover a igualdade de oportunidades e melhorar as condições de vida das pessoas mais vulneráveis.

Proporcionalmente, a corrupção em todos os setores é a principal causa da desigualdade social?

A corrupção em todos os setores é certamente um dos fatores que contribuem para a desigualdade social, mas não pode ser considerado a única causa ou a principal causa. A desigualdade social é um problema complexo e multifacetado que pode ser causado por uma combinação de fatores econômicos, políticos, sociais e históricos.

Além da corrupção, outros fatores que podem contribuir para a desigualdade social incluem a distribuição desigual de recursos, a desigualdade de renda e riqueza, a discriminação, a falta de acesso à educação, políticas governamentais inadequadas, a exclusão social e a instabilidade política.

A corrupção pode ser particularmente prejudicial porque ela pode amplificar outros fatores que contribuem para a desigualdade social, como a desigualdade de renda e distribuição desigual de recursos. A corrupção pode desviar recursos que poderiam ser usados para melhorar as condições de vida das pessoas mais vulneráveis, perpetuando a desigualdade social.

No entanto, é importante lembrar que a luta contra a desigualdade social requer uma abordagem ampla e coordenada, que aborda todos os fatores que contribuem para o problema. Combater a corrupção é importante, mas não é suficiente para eliminar a desigualdade social.

Quais as melhores formas de combater a corrupção?

Existem várias maneiras de combater a corrupção, e nenhuma única solução pode ser considerada a melhor. Aqui estão algumas das melhores formas de combater a corrupção:

1. Fortalecer as instituições democráticas: Fortalecer as instituições democráticas, como o Judiciário, a imprensa livre e a sociedade civil, é uma maneira importante de combater a corrupção. Isso pode incluir a criação de leis mais rigorosas e o fortalecimento das agências responsáveis pela aplicação da lei.
2. Aumentar a transparência: Aumentar a transparência é outra maneira importante de combater a corrupção. Isso pode incluir a divulgação de informações financeiras de empresas e governos, a publicação de relatórios de auditoria e a criação de canais para denúncias de corrupção.
3. Educação e conscientização: A educação e conscientização são fundamentais para combater a corrupção. Isso pode envolver a criação de programas educacionais para jovens sobre a importância da ética e da integridade, bem como campanhas públicas para conscientizar as pessoas sobre os efeitos negativos da corrupção.
4. Fortalecer a governança corporativa: Fortalecer a governança corporativa é uma maneira importante de combater a corrupção no setor privado. Isso pode incluir a criação de códigos de conduta ética, a implementação de mecanismos de controle interno e a promoção da responsabilidade corporativa.
5. Colaboração internacional: A colaboração internacional é uma forma importante de combater a corrupção em escala global. Isso pode incluir a cooperação entre países na investigação e punição de crimes relacionados à corrupção, bem como o compartilhamento de informações e melhores práticas.

Quais os principais fatores que impedem a implementação de ações ao combate da corrupção?

A implementação de ações para combater a corrupção pode ser difícil devido a vários fatores, incluindo:

1.   Falta de vontade política: A falta de vontade política é um dos principais fatores que impedem a implementação de ações contra a corrupção. Os políticos podem estar relutantes em tomar medidas contra a corrupção se isso puder expor suas próprias práticas corruptas ou as de seus aliados.
2.   Cultura de impunidade: A cultura de impunidade pode impedir a implementação de ações contra a corrupção, já que muitos criminosos corruptos acreditam que não serão punidos. Isso pode desencorajar as pessoas de denunciar a corrupção e pode levar a uma sensação de desamparo e descrença nas instituições.
3.   Recursos limitados: Os recursos limitados podem ser um obstáculo para a implementação de ações contra a corrupção. A falta de recursos financeiros, humanos e técnicos pode tornar difícil investigar e punir os crimes de corrupção.
4.   Falta de cooperação internacional: A falta de cooperação internacional pode dificultar a implementação de ações contra a corrupção, especialmente quando se trata de crimes transnacionais. A falta de cooperação entre países pode dificultar a extradição de criminosos corruptos e a recuperação de ativos roubados.
5.   Resistência à mudança: A resistência à mudança pode impedir a implementação de ações contra a corrupção. Muitas vezes, as pessoas podem resistir à mudança devido a interesses pessoais ou corporativos e podem se opor a reformas que possam prejudicar seus próprios interesses.

Esses são alguns dos principais fatores que impedem a implementação de ações contra a corrupção. Para superar esses obstáculos, é necessário um compromisso constante e coordenado de governos, empresas e sociedade civil em todo o mundo.

A resistência a mudança pode ser considerado algo que prejudica os seres humanos ou é apenas um instinto de proteção?

A resistência à mudança pode ser considerada tanto um instinto de proteção quanto algo que pode prejudicar os seres humanos, dependendo do contexto e da maneira como é expressa.

Por um lado, a resistência à mudança pode ser um instinto de proteção, uma resposta natural do ser humano para preservar o que é familiar e seguro. Isso pode ser particularmente verdadeiro em situações de mudança que envolvem riscos percebidos, incertezas e possíveis perdas.

Por outro lado, a resistência à mudança pode ser prejudicial se impedir a adoção de mudanças necessárias para melhorar as condições de vida das pessoas. Isso pode ser especialmente verdadeiro em situações em que a mudança é necessária para enfrentar desafios sociais, econômicos ou ambientais urgentes, como a luta contra a corrupção, a desigualdade social ou as mudanças climáticas.

Portanto, a resistência à mudança é um fenômeno complexo que pode ter consequências positivas ou negativas, dependendo do contexto e da maneira como é expressa. É importante reconhecer que a mudança é inevitável e que a resistência à mudança pode ser superada por meio da educação, do diálogo e da participação ativa das pessoas nas decisões que afetam suas vidas.

Quais outras características dos seres humanos podem ser prejudiciais a sua evolução?

Existem várias características dos seres humanos que podem ser prejudiciais à sua evolução, incluindo:

1. Egoísmo: O egoísmo é uma característica que pode impedir a evolução dos seres humanos, pois pode levar as pessoas a focar apenas em si mesmas e em seus próprios interesses, em vez de considerarem o bem-estar coletivo.

2. Intolerância: A intolerância é outra característica que pode ser prejudicial à evolução dos seres humanos, pois pode levar as pessoas a rejeitar aqueles que são diferentes devido a sua raça, etnia, religião, orientação sexual ou outras características pessoais.

3. Ignorância: A ignorância pode ser prejudicial, pois pode impedir as pessoas de aprender e se desenvolver, restringindo sua capacidade de se adaptar a novas situações e enfrentar novos desafios.

4. Falta de empatia: A falta de empatia pode ser prejudicial, pois pode levar as pessoas a não se importarem com o sofrimento dos outros, o que pode levar à falta de solidariedade e cooperação.

5. Aversão ao risco: A aversão ao risco pode ser prejudicial, pois pode impedir as pessoas de assumir riscos necessários para o progresso e a inovação.

Essas são apenas algumas das características que podem ser prejudiciais à evolução dos seres humanos. É importante reconhecer que, embora essas características possam ser prejudiciais, elas também podem ser superadas por meio da educação, do diálogo e da participação ativa das pessoas nas decisões que afetam suas vidas.

Existe alguma comprovação de vidas humanas fora do planeta terra?

Até o momento, não há nenhuma comprovação conclusiva de vidas humanas fora do planeta Terra. No entanto, existem muitas evidências que sugerem a possibilidade de vida em outros planetas ou luas dentro do nosso próprio sistema solar ou em exoplanetas em outras estrelas.

Por exemplo, foi descoberto que algumas luas do sistema solar, como Europa, Encélado e Titã, têm oceanos subterrâneos que podem abrigar vida microbiana. Além disso, a descoberta de moléculas orgânicas em Marte, bem como a detecção de atmosferas em exoplanetas que podem ser habitáveis, sugerem que a vida pode ser possível em outros lugares do universo.

No entanto, a busca por vida extraterrestre é um campo de estudo em constante evolução, e ainda há muito a ser descoberto. A detecção de vida extraterrestre seria uma descoberta incrível e significativa, mas requer tecnologias e instrumentos avançados para serem realizados.

Existe alguma comprovação que já tivemos algum contato extraterreste?

Não há nenhuma comprovação conclusiva de que já tivemos contato com seres extraterrestres. Embora haja muitas alegações de avistamentos de OVNIs (objetos voadores não identificados) e relatos de encontros com seres extraterrestres ao longo dos anos, esses relatos geralmente carecem de evidências sólidas e verificáveis.

Alguns casos de avistamentos de OVNIs foram explicados como fenômenos naturais, como meteoros, nuvens ou reflexos de luz. Outros casos foram explicados como aeronaves militares ou civis não identificadas.

Além disso, não há evidência científica de que existam seres extraterrestres visitando a Terra ou entrando em contato com a humanidade. Embora haja muitas teorias e especulações sobre a existência de vida extraterrestre, até agora não houve nenhuma prova definitiva.

A busca por vida extraterrestre é uma área de estudo em constante evolução e continua a ser objeto de pesquisa científica e exploração espacial. No entanto, a falta de evidências sólidas de contato extraterrestre sugere que ainda temos muito a descobrir sobre o universo e a possibilidade de vida além da Terra.

Do que conhecemos até o momento sobre o espaço, qual seria o planeta ou exoplaneta mais próximo da terra com possibilidade de vida inteligente?

Até o momento, não há evidências conclusivas de vida inteligente fora da Terra, mas há vários exoplanetas que foram identificados como potencialmente habitáveis.

O exoplaneta mais próximo da Terra que é considerado um dos candidatos mais promissores para abrigar vida é o Próxima b, que orbita a estrela Proxima Centauri, a estrela mais próxima do nosso sistema solar, a cerca de 4,2 anos-luz de distância.

Próxima b é um pouco maior que a Terra e orbita sua estrela na zona habitável, onde as condições podem permitir a existência de água líquida em sua superfície.

Outros exoplanetas potencialmente habitáveis incluem TRAPPIST-1 d, e, f e g, que orbitam uma estrela anã vermelha a cerca de 40 anos-luz de distância e podem ter condições semelhantes à Terra em suas atmosferas. O HD 40307 g, que orbita uma estrela semelhante ao Sol a cerca de 42 anos-luz de distância, também é considerado um candidato potencial para a vida.

No entanto, é importante lembrar que a busca por vida extraterrestre é um campo de estudo em constante evolução e ainda há muito a ser descoberto. Mais pesquisas e observações são necessárias para determinar se esses exoplanetas realmente abrigam vida e, em caso afirmativo, que tipo de vida pode existir lá.

Como a tecnologia que temos hoje, quanto tempo levaria uma viagem interplanetária a uma distância de 4,2 anos-luz?

Atualmente, não temos tecnologia para viagens interplanetárias a uma distância de 4,2 anos-luz com tripulação humana. As atuais tecnologias de propulsão espacial, como motores de foguete químico, não são adequadas para viagens interestelares devido à sua limitada velocidade máxima e baixa eficiência em termos de combustível.

No entanto, há projetos em andamento para desenvolver tecnologias avançadas de propulsão que possam permitir viagens interestelares no futuro, como a propulsão a laser, propulsão de fusão nuclear e propulsão iônica. Essas tecnologias potencialmente poderiam atingir velocidades muito maiores do que as alcançadas pelos motores de foguete químico, reduzindo o tempo de viagem.

Atualmente, a espaçonave mais rápida já lançada é a sonda Parker Solar Probe, que viajará a uma velocidade máxima de cerca de 430.000 milhas por hora (cerca de 0,064% da velocidade da luz) em direção ao Sol. A essa velocidade, levaria cerca de 17.000 anos para chegar a uma distância de 4,2 anos-luz.

Portanto, para alcançar velocidades mais altas e reduzir o tempo de viagem para uma distância de 4,2 anos-luz, seriam necessárias tecnologias de propulsão avançadas ainda em desenvolvimento.

Seres Humanos

Em qual região do planeta terra foi detectada a primeira espécie humana?

A primeira espécie humana conhecida é o Australopithecus afarensis, que viveu na África Oriental há cerca de 4 milhões de anos. A descoberta mais famosa e significativa de restos fossilizados desta espécie foi feita na região de Afar, na Etiópia, em 1974, por uma equipe liderada pelo paleoantropólogo Donald Johanson. O esqueleto fossilizado, apelidado de "Lucy", é um dos mais completos já encontrados e ajudou a revolucionar nossa compreensão da evolução humana.

Desde então, muitos outros fósseis de espécies humanas antigas foram descobertos em várias partes da África, incluindo o Homo habilis, o Homo erectus e o Homo sapiens, que é a espécie humana moderna. A África é considerada o berço da humanidade, pois é onde a evolução humana começou e se desenvolveu ao longo de milhões de anos.

Do que temos informação até o momento, qual seria a idade do mais antigo ser humano da face da terra?

O registro fóssil mostra que os primeiros seres humanos evoluíram na África há cerca de 2,8 milhões de anos. A espécie humana mais antiga conhecida é o Australopithecus anamensis, que viveu na região leste da África há cerca de 4,2 a 3,9 milhões de anos.

No entanto, este não é considerado um membro direto da linhagem humana, mas sim um ancestral próximo.

O mais antigo representante da linhagem humana é considerado o Australopithecus afarensis, que viveu há cerca de 3,8 a 2,9 milhões de anos. Fósseis desta espécie, incluindo o famoso esqueleto fossilizado de "Lucy", foram encontrados na Etiópia e na Tanzânia.

A primeira espécie humana do gênero Homo, o Homo habilis, apareceu há cerca de 2,8 milhões de anos. Outros membros da linhagem humana, como o Homo erectus e o Homo sapiens, surgiram mais tarde.

Em resumo, o mais antigo ser humano conhecido é o Australopithecus afarensis, que viveu há cerca de 3,8 a 2,9 milhões de anos.

Seres Humanos

O que esperar dos seres humanos para os próximos 1.000 anos?

É difícil prever com precisão o que esperar dos seres humanos nos próximos 1.000 anos, pois muitos fatores podem influenciar a evolução da humanidade. No entanto, aqui estão algumas possibilidades baseadas em tendências atuais e avanços tecnológicos:

1.   Aumento da expectativa de vida: Com avanços na medicina, tecnologia e qualidade de vida, é possível que a expectativa de vida humana continue a aumentar nos próximos 1.000 anos. Isso poderia levar a mudanças na estrutura social e na tomada de decisões, bem como na forma como as pessoas planejam suas carreiras e vidas pessoais.

2.   Desenvolvimento de tecnologias avançadas: É provável que a tecnologia continue a evoluir rapidamente nos próximos 1.000 anos, com avanços em áreas como inteligência artificial, biotecnologia, nanotecnologia e exploração espacial. Essas tecnologias podem ter impactos significativos em muitos aspectos da vida humana, incluindo emprego, saúde, transporte, comunicação e habitação.

3.   Mudanças climáticas e impactos ambientais: As mudanças climáticas e os impactos ambientais continuarão a ser uma preocupação importante nos próximos 1.000 anos, e as sociedades humanas terão que se adaptar e encontrar soluções para enfrentar esses desafios. Isso pode incluir mudanças na forma como produzimos e consumimos energia, bem como nas práticas agrícolas e de uso da terra.

4.   Exploração e colonização espacial: A exploração e colonização espacial pode se tornar cada vez mais comum nos próximos 1.000 anos, com o desenvolvimento de tecnologias avançadas que permitam viagens interestelares e a possibilidade de encontrar novos mundos habitáveis. Isso poderia ter um impacto significativo na sociedade humana, bem como na compreensão da vida e do universo.

No entanto, é importante lembrar que essas são apenas algumas possibilidades e que muitos outros fatores podem influenciar o futuro da humanidade nos próximos 1.000 anos. A evolução da sociedade humana é um processo contínuo e fluido, e muitas mudanças podem ocorrer ao longo do caminho.

O que deixa os seres humanos pessoas felizes?

A felicidade é uma emoção subjetiva e pode variar de pessoa para pessoa, mas existem alguns fatores que são geralmente associados à felicidade humana. Aqui estão alguns exemplos:

1. Relacionamentos interpessoais: A maioria das pessoas tende a ser mais feliz quando tem relacionamentos saudáveis e significativos com amigos, familiares e parceiros românticos.
2. Realização pessoal: Sentir-se bem-sucedido em áreas da vida, como trabalho, educação, hobby ou espiritualidade, pode levar à felicidade e satisfação pessoal.
3. Saúde e bem-estar: Ter boa saúde física e mental, incluindo exercícios regulares, sono adequado, alimentação saudável e gerenciamento de estresse, pode contribuir para a felicidade.
4. Senso de propósito e significado: Sentir que se tem um propósito ou missão na vida, ou fazer parte de algo maior do que si mesmo, pode aumentar a sensação de significado e satisfação.
5. Experiências positivas: Experimentar coisas novas e positivas, como viajar, aprender novas habilidades, passar tempo com animais de estimação ou ouvir música, pode trazer alegria e felicidade.
6. Resiliência e otimismo: Ter uma atitude positiva e resiliente pode ajudar a superar desafios e lidar com o estresse, o que pode levar a uma maior felicidade e bem-estar emocional.

É importante lembrar que a felicidade é um estado subjetivo e pode depender de muitos fatores pessoais e circunstanciais. Cada pessoa pode encontrar a felicidade de maneiras diferentes e em momentos diferentes de suas vidas.

Profissões

Quais profissões existiam há 30 anos e hoje em dia já não existem mais?

Algumas profissões que existiam há 30 anos e hoje em dia já não existem mais incluem:

1. Datilógrafo(a) - com a popularização dos computadores e a digitalização das atividades, a profissão de datilógrafo foi extinta.
2. Revelador(a) de fotos - com o advento das câmeras digitais e smartphones, a revelação de fotos se tornou obsoleta.
3. Operador(a) de telex - o telex era um sistema de comunicação por máquina que foi substituído pelas tecnologias de comunicação modernas.
4. Telefonista - as centrais telefônicas foram automatizadas e as funções de operador(a) de telefone foram eliminadas.
5. Mimeógrafo - o mimeógrafo era uma máquina de impressão a baixo custo que foi substituída pelas impressoras digitais.
6. Vendedor(a) de enciclopédias - com a facilidade de acesso a informações na internet, a venda de enciclopédias impressas tornou-se obsoleta.
7. Locutor(a) de rádio em ondas curtas - com a popularização da internet e das transmissões digitais, as transmissões de rádio em ondas curtas perderam espaço.
8. Carteiro(a) a pé - com a automação e as mudanças no sistema de entrega de correspondências, a profissão de carteiro(a) a pé foi reduzida.
9. Ascensorista - o trabalho de controlar o elevador foi automatizado em muitos prédios e a profissão de ascensorista desapareceu em muitas cidades.
10. Arquivista - com a digitalização de documentos e a gestão eletrônica de registros, a necessidade de arquivistas diminuiu significativamente.

Quais profissões antes muito valorizadas e que hoje em dia não são mais?

Algumas profissões que antes eram muito valorizadas e hoje em dia não são mais incluem:

1. Datilógrafo(a) - com a popularização dos computadores e a digitalização das atividades, a habilidade de datilografia deixou de ser um diferencial importante para muitas profissões.
2. Operador(a) de telex - o telex era um sistema de comunicação por máquina que foi substituído pelas tecnologias de comunicação modernas, tornando a habilidade de operação do telex obsoleta.
3. Digitador(a) - com a automação de muitas tarefas manuais, como a digitalização de documentos, a habilidade de digitação deixou de ser um diferencial importante para muitas profissões.
4. Telefonista - as centrais telefônicas foram automatizadas e as funções de operador(a) de telefone foram eliminadas, tornando a habilidade de operação de telefone obsoleta.
5. Escriturário(a) - com a automação de muitas tarefas manuais, como a contabilidade e a gestão de documentos, a habilidade de escrita à mão e de cálculo manual deixou de ser um diferencial importante para muitas profissões.
6. Arquivista - com a digitalização de documentos e a gestão eletrônica de registros, a habilidade de arquivamento e organização física de documentos deixou de ser um diferencial importante para muitas profissões.
7. Repórter de jornal impresso - com a popularização da mídia digital e a queda na circulação de jornais impressos, a habilidade de produzir conteúdo para jornais impressos deixou de ser tão valorizada quanto antes.
8. Técnico(a) em manutenção de aparelhos eletrônicos - com a rápida evolução tecnológica, muitos aparelhos eletrônicos tornaram-se descartáveis e a habilidade de reparar aparelhos eletrônicos deixou de ser tão valorizada quanto antes.
9. Operador(a) de máquinas de escrever - com a popularização dos computadores, a habilidade de operar máquinas de escrever deixou de ser tão valorizada quanto antes.
10. Tipógrafo(a) - com a automação da indústria gráfica, a habilidade de compor tipos de letra manualmente deixou de ser tão valorizada quanto antes.

Quais novas profissões surgiram de 30 anos para cá?

Muitas novas profissões surgiram nos últimos 30 anos, algumas delas incluem:

1.   Desenvolvedor(a) de aplicativos móveis - com a popularização dos smartphones e tablets, a demanda por aplicativos móveis aumentou significativamente.

2.   Analista de dados - com o crescimento exponencial da quantidade de dados gerados pelas empresas e organizações, a habilidade de analisar dados se tornou essencial para muitas profissões.

3.   Especialista em segurança da informação - com o aumento das ameaças cibernéticas, a segurança da informação tornou-se uma preocupação crítica para muitas empresas e organizações.

4.   Especialista em marketing digital - com a crescente importância do marketing digital, a habilidade de criar e implementar estratégias de marketing para o mundo digital se tornou fundamental para muitas empresas.

5.   Especialista em inteligência artificial - com o avanço da tecnologia de inteligência artificial, a habilidade de desenvolver soluções baseadas em IA se tornou muito valiosa em diversas áreas.

6.   Especialista em realidade virtual e aumentada - com o crescimento da tecnologia de realidade virtual e aumentada, a habilidade de criar experiências imersivas se tornou muito valorizada em diversas áreas, como jogos, publicidade, educação, entre outras.

7.   Especialista em e-commerce - com o crescimento do comércio eletrônico, a habilidade de gerenciar e otimizar negócios online se tornou essencial para muitas empresas.

8.   Especialista em sustentabilidade - com a crescente preocupação com questões ambientais e sociais, a habilidade de criar soluções sustentáveis se tornou muito valorizada em diversas áreas.

9.   Especialista em experiência do usuário (UX) - com a importância crescente da experiência do usuário em produtos e serviços digitais, a habilidade de criar experiências de usuário atraentes e intuitivas se tornou essencial para muitas empresas.

10. Especialista em nanotecnologia - com o avanço da tecnologia de materiais e dispositivos em escala nanométrica, a habilidade de desenvolver soluções baseadas em nanotecnologia se tornou muito valorizada em diversas áreas, como eletrônica, medicina, energia, entre outras.

Quais profissões estão surgindo atualmente e para um futuro próximo?

Algumas profissões que estão surgindo atualmente e que serão importantes para o futuro próximo incluem:

1. Especialista em cibersegurança em nuvem - com a crescente adoção de tecnologias em nuvem e o aumento das ameaças cibernéticas, a habilidade de proteger a infraestrutura em nuvem se tornará cada vez mais importante.

2. Especialista em robótica e automação - com o avanço da robótica e da automação, a habilidade de projetar, construir, programar e manter robôs e sistemas automatizados será cada vez mais valorizada em diversas áreas.

3. Especialista em inteligência artificial ética - com a crescente preocupação sobre o uso responsável e ético da inteligência artificial, a habilidade de desenvolver soluções de IA que levem em conta questões éticas será cada vez mais importante.

4. Especialista em gerenciamento de dados em tempo real - com o aumento exponencial da quantidade de dados gerados em tempo real, a habilidade de gerenciar, analisar e tomar decisões com base nesses dados será cada vez mais valorizada em diversas áreas.

5. Especialista em saúde digital - com o avanço da tecnologia na área da saúde, a habilidade de desenvolver soluções digitais que melhorem a eficiência, a qualidade e o acesso aos serviços de saúde será cada vez mais importante.

6. Especialista em mobilidade urbana - com o aumento da população nas cidades e a necessidade de soluções mais sustentáveis e eficientes de transporte, a habilidade de projetar, implementar e gerenciar sistemas de mobilidade urbana será cada vez mais valorizada.

7. Especialista em energia renovável - com a preocupação crescente com o meio ambiente e a necessidade de reduzir as emissões de gases de efeito estufa, a habilidade de desenvolver soluções de energia renovável será cada vez mais importante.

8. Especialista em economia circular - com a crescente preocupação com a sustentabilidade e a redução do desperdício, a habilidade de desenvolver soluções de economia circular que reduzam o consumo de recursos naturais será cada vez mais valorizada.

9. Especialista em realidade virtual e aumentada aplicada à educação - com o avanço da tecnologia de realidade virtual e aumentada, a habilidade de criar experiências educacionais imersivas e interativas será cada vez mais importante.

10. Especialista em gerenciamento de resíduos - com a necessidade de reduzir a quantidade de resíduos gerados e aumentar a reciclagem, a habilidade de gerenciar eficientemente os resíduos será cada vez mais valorizada em diversas áreas.

Estatisticamente contando as 3 últimas décadas, qual a frequência de desaparecer profissões e surgir novas profissões?

Não há uma frequência exata de desaparecimento de profissões e surgimento de novas profissões ao longo das últimas três décadas que possa ser estatisticamente medida. Isso ocorre porque as mudanças no mercado de trabalho e nas demandas da sociedade são influenciadas por diversos fatores, como avanços tecnológicos, mudanças na economia global, políticas governamentais, entre outros. Além disso, o ritmo de mudança varia entre países e setores, o que torna difícil estabelecer uma média global ou mesmo regional. No entanto, é inegável que as mudanças no mercado de trabalho têm ocorrido em um ritmo acelerado nas últimas décadas, com o surgimento de novas profissões e a transformação de muitas outras.

Nos últimos anos, tem havido uma grande transformação no mercado de trabalho em todo o mundo, impulsionada pelo rápido avanço da tecnologia e pela globalização da economia. A digitalização e a automação de processos têm mudado a forma como as empresas e organizações operam, o que tem impactado a demanda por diferentes tipos de trabalho.

Por um lado, algumas profissões têm desaparecido ou se tornado obsoletas, como as que mencionei anteriormente, enquanto outras têm surgido ou se tornado mais valorizadas, como as que foram mencionadas como exemplos.

Além disso, tem havido uma crescente demanda por habilidades específicas, como a capacidade de trabalhar em equipe, comunicação eficaz, pensamento crítico e resolução de problemas, liderança e adaptabilidade. Essas habilidades são consideradas cada vez mais importantes em um mercado de trabalho que está em constante mudança.

Outra tendência importante é a crescente importância da educação e do aprendizado contínuo. Com a rápida mudança nas demandas do mercado de trabalho, é necessário que os trabalhadores mantenham suas habilidades atualizadas e estejam dispostos a aprender novas habilidades e conhecimentos ao longo do tempo.

Em resumo, a transformação do mercado de trabalho é um processo contínuo e complexo, que envolve uma série de fatores e tendências. O surgimento de novas profissões e a transformação de outras exigem dos trabalhadores a capacidade de se adaptar e aprender continuamente, bem como de desenvolver habilidades específicas que são valorizadas no mercado de trabalho de hoje.

Qual o conselho que você daria aos jovens que estão se formando no ensino fundamental e buscando novas carreiras e profissões?

Para os jovens que estão se formando no ensino fundamental e buscando novas carreiras e profissões, eu daria os seguintes conselhos:

1. Explore suas paixões e interesses: Descubra o que você gosta de fazer e o que o motiva. Explore diferentes áreas de interesse, participe de atividades extracurriculares e experimente novas experiências. Isso pode ajudá-lo a identificar carreiras e profissões que combinem com suas paixões e habilidades.
2. Pesquise sobre as carreiras e profissões: Pesquise sobre as carreiras e profissões que você está interessado em seguir. Descubra as habilidades e conhecimentos necessários, as oportunidades de trabalho, as possibilidades de crescimento e as tendências do mercado de trabalho.
3. Considere a educação e o treinamento: Considere as opções educacionais e de treinamento necessárias para seguir a carreira ou profissão de sua escolha. Isso pode incluir a obtenção de um diploma universitário, um curso técnico ou uma formação profissional específica.
4. Desenvolva habilidades valiosas: Desenvolva habilidades valiosas que são importantes em qualquer carreira ou profissão, como a capacidade de trabalhar em equipe, comunicação eficaz, pensamento crítico e resolução de problemas, liderança e adaptabilidade.
5. Esteja disposto a aprender e se adaptar: Esteja sempre disposto a aprender e se adaptar às mudanças. O mercado de trabalho está em constante mudança, e é importante estar preparado para se adaptar e aprender continuamente.
6. Mantenha uma mentalidade positiva e perseverante: Mantenha uma mentalidade positiva e perseverante. O caminho para encontrar a carreira ou profissão certa pode ser desafiador, mas com perseverança e uma atitude positiva, você pode alcançar seus objetivos.

Lembre-se de que a escolha de uma carreira ou profissão é uma jornada pessoal e única. Não tenha medo de explorar diferentes opções e descobrir o que é melhor para você. Mantenha uma mente aberta e esteja disposto a aprender e crescer ao longo do caminho.

Quantas profissões formais existem hoje em dia?

Não há um número exato de quantas profissões formais existem atualmente em todo o mundo, pois a lista de profissões pode variar de acordo com o país e a região. Além disso, novas profissões são criadas constantemente enquanto outras desaparecem ou mudam de nome.

No entanto, podemos afirmar que existem milhares de profissões diferentes, abrangendo diversos setores, desde saúde e educação até tecnologia e finanças. Algumas profissões exigem habilidades técnicas específicas, enquanto outras valorizam habilidades interpessoais e de liderança.

Devido à rápida evolução das tecnologias e das mudanças na economia global, é provável que novas profissões continuem surgindo no futuro, enquanto outras desaparecerão ou mudarão significativamente.

Profissões

Quais profissões atuais são melhores remuneradas?

Existem diversas profissões que são bem remuneradas atualmente, e isso pode variar dependendo do país, região e setor em que a profissão está inserida. No entanto, algumas profissões que geralmente oferecem salários mais altos são:

1. Médicos e cirurgiões: profissionais da área médica, especialmente cirurgiões, geralmente recebem altos salários devido à complexidade e responsabilidade de seu trabalho.
2. Engenheiros: engenheiros, especialmente aqueles com especialização em engenharia de software, engenharia petroquímica e engenharia aeroespacial, geralmente recebem salários altos devido à sua experiência técnica e habilidades especializadas.
3. Advogados: advogados que trabalham em grandes empresas de advocacia ou em escritórios próprios podem receber salários elevados.
4. Gerentes de finanças: gerentes de finanças, como analistas financeiros e diretores financeiros, geralmente recebem salários altos devido à sua habilidade em gerenciar e maximizar os recursos financeiros de uma empresa.
5. Profissionais de TI: profissionais de tecnologia da informação, como desenvolvedores de software, analistas de sistemas, arquitetos de soluções, geralmente recebem salários altos devido à sua experiência técnica e habilidades especializadas.
6. Executivos de negócios: executivos de negócios, como CEO, CFO e COO, geralmente recebem salários elevados devido à sua habilidade em liderar e gerenciar grandes organizações.
7. Profissionais de marketing e publicidade: profissionais de marketing e publicidade, como gerentes de marketing e diretores criativos, geralmente recebem salários altos devido à sua habilidade em criar campanhas eficazes e promover produtos e serviços.
8. Profissionais de recursos humanos: profissionais de recursos humanos, como gerentes de RH e especialistas em recrutamento, geralmente recebem salários elevados devido à sua habilidade em gerenciar e desenvolver a força de trabalho de uma empresa.
9. Profissionais de petróleo e gás: profissionais da indústria de petróleo e gás, como engenheiros de petróleo e gerentes de operações, geralmente recebem salários elevados devido à complexidade e periculosidade do seu trabalho.
10. Profissionais do setor imobiliário: profissionais do setor imobiliário, como corretores e avaliadores de imóveis, geralmente recebem salários altos devido à sua habilidade em negociar e gerenciar transações imobiliárias de alto valor.

No entanto, é importante lembrar que os salários podem variar muito dependendo da experiência, especialização, localização e outros fatores. Além disso, os salários mais altos geralmente exigem maior nível de educação, habilidades técnicas e experiência.

Quais profissões atuais tem uma formação mais rápida permitindo uma entrada mais rápida no mercado de trabalho?

Existem várias profissões que oferecem uma formação mais rápida, permitindo uma entrada mais rápida no mercado de trabalho. Algumas opções são:

1. Técnico em enfermagem: o curso de técnico em enfermagem tem duração média de 18 meses e oferece a oportunidade de trabalhar em hospitais, clínicas, consultórios e outras instituições de saúde.

2. Técnico em radiologia: o curso de técnico em radiologia tem duração média de 18 a 24 meses e oferece a oportunidade de trabalhar em hospitais, clínicas e laboratórios de diagnóstico por imagem.

3. Técnico em informática: o curso de técnico em informática tem duração média de 12 a 18 meses e oferece a oportunidade de trabalhar em empresas de tecnologia, suporte técnico e outras áreas relacionadas à tecnologia da informação.

4. Assistente administrativo: embora não seja uma profissão técnica, muitas empresas contratam assistentes administrativos com pouca ou nenhuma experiência profissional. Algumas escolas oferecem cursos de assistente administrativo com duração média de 6 a 12 meses.

5. Eletricista: o curso de eletricista pode ser concluído em cerca de 6 meses e oferece a oportunidade de trabalhar em empresas de construção, manutenção elétrica e outras áreas relacionadas.

6. Cuidador de idosos: embora não seja uma profissão técnica, muitas empresas contratam cuidadores de idosos com pouca ou nenhuma experiência profissional. Algumas escolas oferecem cursos de cuidador de idosos com duração média de 3 a 6 meses.

7. Cabeleireiro e esteticista: os cursos de cabeleireiro e esteticista têm duração média de 6 a 12 meses e oferecem a oportunidade de trabalhar em salões de beleza, spas e outras empresas relacionadas à beleza e estética.

É importante lembrar que, embora essas profissões tenham uma formação mais rápida, muitas exigem habilidades técnicas específicas e, em alguns casos, certificação ou licenciamento. Além disso, a remuneração pode variar dependendo da experiência e do local de trabalho.

Quais profissões são mais globalizadas e quais são menos globalizadas?

Algumas profissões são mais globalizadas do que outras, pois são demandadas em todo o mundo e oferecem a possibilidade de trabalhar em diferentes países e regiões. Algumas dessas profissões são:

1. Tecnologia da informação: profissionais de TI, como desenvolvedores de software, engenheiros de rede e analistas de dados, são altamente demandados em todo o mundo, independentemente da localização geográfica.
2. Finanças: profissionais de finanças, como analistas financeiros e gerentes de investimentos, têm uma demanda global, pois as empresas em todo o mundo precisam de especialistas em finanças para gerenciar seus recursos financeiros.
3. Marketing: profissionais de marketing, como gerentes de marketing e publicitários, são altamente demandados em todo o mundo, pois as empresas precisam promover seus produtos e serviços em diferentes mercados.
4. Engenharia: profissionais de engenharia, como engenheiros mecânicos e de software, têm uma demanda global, pois as empresas em todo o mundo precisam de especialistas em engenharia para projetar e desenvolver produtos e serviços.
5. Medicina: profissionais da área médica, como médicos e enfermeiros, têm uma demanda global, pois a saúde é uma necessidade humana básica em todo o mundo.

Por outro lado, algumas profissões são menos globalizadas, pois são mais específicas de uma determinada região ou país. Algumas dessas profissões são:

1. Advogados: embora os advogados sejam necessários em todo o mundo, as leis e regulamentações variam de país para país, o que significa que a prática do direito pode ser muito diferente em diferentes lugares.
2. Professores: os professores geralmente precisam de certificação e licenciamento em cada país em que desejam lecionar, o que pode tornar difícil a sua mobilidade global.
3. Jornalismo: as práticas jornalísticas variam de região para região, e os jornalistas precisam entender a cultura e a língua do local em que estão trabalhando para produzir conteúdo relevante.
4. Agricultura: as práticas agrícolas variam de acordo com o clima, solo e cultura em cada região, o que significa que os agricultores precisam ter conhecimento específico da região em que trabalham.
5. Serviços públicos: profissionais do setor público, como policiais e bombeiros, geralmente precisam de certificação específica e treinamento em cada país em que desejam trabalhar, o que pode tornar difícil a sua mobilidade global.

Qual é o primeiro relato de existência de uma rede social?

A primeira rede social moderna reconhecida é o site "Six Degrees", criado por Andrew Weinreich em 1997. O nome da rede social foi inspirado na teoria dos seis graus de separação, que sugere que qualquer pessoa na Terra pode ser conectada a outra pessoa em até seis etapas de conexão.

O site permitia aos usuários criar perfis, listar seus amigos e enviar mensagens. Os usuários também podiam se conectar com amigos de amigos, criando uma rede social em constante expansão. O Six Degrees foi um grande sucesso na época, com mais de 3,5 milhões de usuários registrados em seu auge.

Embora o Six Degrees tenha encerrado suas atividades em 2001, sua influência pode ser vista em muitas das redes sociais modernas, como o Facebook, Twitter e LinkedIn.

Quantas redes sociais existem hoje em dia nos diversos países?

É difícil determinar com precisão quantas redes sociais existem atualmente em todo o mundo, uma vez que novas plataformas são criadas constantemente e outras podem ser descontinuadas. Além disso, muitas redes sociais são específicas de determinados países ou regiões, o que torna difícil rastrear todas elas.

No entanto, podemos afirmar que existem muitas redes sociais populares em todo o mundo. Algumas das redes sociais mais conhecidas incluem o Facebook, Instagram, Twitter, LinkedIn, TikTok, YouTube, Snapchat, Reddit, Pinterest e WhatsApp.

Algumas redes sociais são mais populares em certos países do que em outros. Por exemplo, o VKontakte é uma rede social popular na Rússia, enquanto o Sina Weibo é popular na China e o Line é popular no Japão. Além disso, existem redes sociais específicas para nichos de mercado, como a Goodreads para leitores e o Strava para atletas.

Quais as mais populares e com o maior número de usuários?

As redes sociais mais populares e com o maior número de usuários atualmente são:

1. Facebook - Com mais de 2,8 bilhões de usuários ativos mensais, o Facebook é a rede social mais popular do mundo. Fundado em 2004, o Facebook permite que os usuários se conectem com amigos e familiares, compartilhem conteúdo e participem de grupos e comunidades.
2. YouTube - O YouTube é a plataforma de compartilhamento de vídeos mais popular do mundo, com mais de 2,3 bilhões de usuários ativos mensais. Lançado em 2005, o YouTube permite que os usuários assistam e compartilhem vídeos de música, entretenimento, notícias e muito mais.
3. WhatsApp - O WhatsApp é um aplicativo de mensagens instantâneas que permite que os usuários se comuniquem com amigos e familiares em todo o mundo. Com mais de 2 bilhões de usuários ativos mensais, o WhatsApp é uma das redes sociais mais populares do mundo.
4. Facebook Messenger - O Facebook Messenger é um aplicativo de mensagens instantâneas que permite que os usuários se comuniquem com amigos e familiares que estão no Facebook. Com mais de 1,3 bilhão de usuários ativos mensais, o Facebook Messenger é uma das redes sociais mais populares do mundo.
5. Instagram - O Instagram é uma plataforma de compartilhamento de fotos e vídeos que permite que os usuários compartilhem conteúdo com amigos e seguidores. Com mais de 1 bilhão de usuários ativos mensais, o Instagram é uma das redes sociais mais populares do mundo.

Outras redes sociais populares incluem Twitter, TikTok, LinkedIn, Snapchat e Pinterest. É importante notar que esses números de usuários são estimativas e podem mudar constantemente.

O que motiva as pessoas a fazerem uso das redes sociais?

As pessoas fazem uso das redes sociais por diversas razões, que variam de acordo com a idade, interesses, necessidades e objetivos individuais. Algumas das principais motivações para o uso das redes sociais incluem:

1. Conexão social - As pessoas usam as redes sociais para se conectar com amigos, familiares e colegas de trabalho. As redes sociais permitem que os usuários se comuniquem em tempo real, compartilhem fotos e vídeos e mantenham contato com pessoas que moram longe.
2. Entretenimento - Muitas pessoas usam as redes sociais para se divertir e relaxar. As redes sociais oferecem uma variedade de conteúdo de entretenimento, como vídeos engraçados, memes, jogos e notícias de celebridades.
3. Informação - As redes sociais são uma fonte importante de informação para muitas pessoas. As redes sociais permitem que os usuários acompanhem notícias, eventos atuais, tendências e informações sobre seus interesses específicos.
4. Compartilhamento - As redes sociais permitem que os usuários compartilhem suas próprias experiências, opiniões e pontos de vista com outros usuários. As redes sociais são uma plataforma para que as pessoas compartilhem suas ideias, fotos, vídeos e pensamentos com uma audiência ampla.
5. Networking - As redes sociais são uma ferramenta importante para estabelecer contatos profissionais e oportunidades de negócios. As redes sociais permitem que os usuários se conectem com pessoas em sua área de trabalho, troquem informações e possivelmente façam novos contatos que possam levar a novas oportunidades de carreira.

REDES SOCIAIS

O que motiva as empresas a criarem redes sociais?

As empresas criam redes sociais por uma variedade de motivos, que incluem:

1. Engajamento do cliente - As redes sociais permitem que as empresas se envolvam com seus clientes de maneira mais direta e personalizada. As empresas podem usar as redes sociais para responder a perguntas, fornecer suporte ao cliente e interagir com seus seguidores de maneira mais informal.
2. Marketing - As redes sociais oferecem às empresas uma plataforma para promover seus produtos e serviços e alcançar novos clientes. As empresas podem usar as redes sociais para criar campanhas publicitárias, compartilhar conteúdo relevante e promover ofertas especiais.
3. Conexão com outros negócios - As redes sociais também permitem que as empresas se conectem com outros negócios e colaboradores em sua área de atuação. As empresas podem usar as redes sociais para encontrar parceiros de negócios, trocar informações e compartilhar recursos.
4. Aumento da visibilidade da marca - As redes sociais são uma ferramenta importante para aumentar a visibilidade da marca. As empresas podem usar as redes sociais para construir sua imagem de marca, aumentar o reconhecimento do nome da empresa e aumentar a fidelidade do cliente.
5. Análise de dados - As redes sociais fornecem uma riqueza de informações sobre os clientes e seus comportamentos. As empresas podem usar as redes sociais para coletar dados sobre seus clientes, como suas preferências e comportamentos de compra, e usar essas informações para melhorar seus produtos e serviços.

As empresas criam redes sociais para se envolver com seus clientes, promover seus produtos e serviços, se conectar com outros negócios, aumentar a visibilidade da marca e coletar dados sobre seus clientes. As redes sociais são uma ferramenta importante para as empresas que desejam aumentar seu alcance e interação com seus clientes e com outros negócios em seu setor.

Quais comportamentos humanos mudaram após a chegada das redes sociais?

A chegada das redes sociais mudou significativamente alguns comportamentos humanos. Aqui estão alguns exemplos:

1.   Comunicação - As redes sociais mudaram a maneira como as pessoas se comunicam. As pessoas agora podem se comunicar com amigos, familiares e colegas de trabalho em todo o mundo em tempo real, compartilhar fotos e vídeos e enviar mensagens instantâneas.

2.   Compartilhamento - As redes sociais tornaram o compartilhamento de informações, fotos e vídeos mais fácil do que nunca. As pessoas agora podem compartilhar suas experiências, opiniões e pensamentos com uma audiência ampla e instantânea.

3.   Consumo de mídia - As redes sociais mudaram a maneira como as pessoas consomem notícias, entretenimento e outros tipos de mídia. As pessoas agora podem acessar notícias e conteúdo de mídia em tempo real, compartilhar comentários e opiniões e se envolver em discussões sobre eventos atuais.

4.   Comportamento de compra - As redes sociais têm um impacto significativo no comportamento de compra dos consumidores. As pessoas agora podem pesquisar produtos e serviços, ler avaliações e opiniões de outros usuários e comparar preços antes de fazer uma compra.

5.   Autoimagem - As redes sociais podem afetar a autoimagem das pessoas. As pessoas agora podem comparar suas vidas com as vidas de outras pessoas em tempo real, o que pode levar a sentimentos de inadequação e ansiedade.

6.   Interação social - As redes sociais mudaram a maneira como as pessoas interagem socialmente. As pessoas agora podem se conectar com outras pessoas que compartilham seus interesses e hobbies, formar novas comunidades e compartilhar suas paixões e interesses.

A chegada das redes sociais mudou significativamente a maneira como as pessoas se comunicam, compartilham informações, consomem mídia, fazem compras, percebem a si mesmas e interagem socialmente.

Quais impactos negativos as redes sociais podem causar na vida dos seres humanos?

Embora as redes sociais tenham muitos benefícios, também podem ter impactos negativos na vida das pessoas. Aqui estão alguns exemplos:

1. Isolamento social - Embora as redes sociais tenham sido projetadas para conectar as pessoas, elas também podem levar ao isolamento social. As pessoas podem se sentir mais confortáveis em se comunicar online do que pessoalmente, o que pode levar a um distanciamento das interações sociais face a face.
2. Ansiedade e depressão - As redes sociais podem levar ao desenvolvimento de ansiedade e depressão em algumas pessoas. A comparação constante com outras pessoas nas redes sociais pode levar a sentimentos de inadequação e baixa autoestima.
3. Cyberbullying - As redes sociais podem ser usadas para praticar cyberbullying, o que pode ter um impacto negativo significativo na saúde mental das vítimas.
4. Vício - As redes sociais podem ser viciantes, o que pode levar ao uso excessivo e prejudicar outros aspectos da vida, como o trabalho, o estudo e as relações pessoais.
5. Perda de privacidade - As redes sociais podem levar à perda de privacidade, uma vez que as informações pessoais podem ser facilmente acessadas e compartilhadas.
6. Propagação de desinformação - As redes sociais podem ser usadas para espalhar desinformação e notícias falsas, o que pode levar a consequências negativas para a sociedade.

Houve relatos de surgimento de novos transtornos físicos ou mentais após o advento das redes sociais?

Sim, o advento das redes sociais tem sido associado a vários novos transtornos físicos e mentais. Aqui estão alguns exemplos:

1. Nomofobia - A nomofobia é o medo de ficar sem o celular ou sem acesso à internet. A nomofobia pode levar a sintomas de ansiedade, estresse e depressão.
2. FOMO - A FOMO, ou "medo de ficar de fora", é a sensação de que os outros estão se divertindo ou fazendo algo importante sem você. A FOMO pode levar a sentimentos de inadequação e ansiedade.
3. Cybercondria - A cybercondria é a tendência de pesquisar sintomas de doenças na internet e acreditar que se tem uma doença grave, mesmo que não haja evidências reais para isso. A cybercondria pode levar a ansiedade e estresse desnecessários.
4. Síndrome do "polegar de texto" - A síndrome do "polegar de texto" é uma condição que afeta as articulações dos polegares devido ao uso excessivo de dispositivos móveis para enviar mensagens de texto. A síndrome do "polegar de texto" pode levar a dor, inflamação e rigidez nas mãos e dedos.
5. Dependência da internet - A dependência da internet é um transtorno que pode resultar do uso excessivo de redes sociais e outras formas de tecnologia. A dependência da internet pode levar a sintomas como ansiedade, depressão e insônia.
6. Distracção e diminuição da atenção - O uso excessivo das redes sociais pode levar à distracção e diminuição da atenção, o que pode prejudicar o desempenho acadêmico e profissional.

Quais impactos desses transtornos nas próximas gerações e na sociedade com um todos?

Os impactos desses transtornos nas próximas gerações e na sociedade como um todo podem ser significativos. Aqui estão alguns exemplos:

1. Saúde mental - Os transtornos associados ao uso excessivo das redes sociais podem afetar a saúde mental das pessoas, especialmente das gerações mais jovens. Se esses transtornos não forem tratados adequadamente, eles podem levar a problemas de saúde mental a longo prazo, incluindo ansiedade, depressão e estresse crônico.

2. Conexões sociais - O uso excessivo das redes sociais pode levar à diminuição das conexões sociais, o que pode ter um impacto negativo na vida pessoal das pessoas. Isso pode levar a sentimentos de isolamento social e solidão.

3. Hábitos de estudo e trabalho - O uso excessivo das redes sociais pode levar à distração e à diminuição da atenção, o que pode prejudicar os hábitos de estudo e trabalho das pessoas. Isso pode levar a um desempenho acadêmico e profissional inferior e pode ter um impacto negativo na economia como um todo.

4. Dependência tecnológica - Os transtornos associados ao uso excessivo das redes sociais podem levar à dependência de tecnologia, o que pode ter um impacto negativo na capacidade das pessoas de lidar com a vida sem a tecnologia. Isso pode levar a problemas de adaptação e pode afetar a capacidade das pessoas de lidar com situações desafiadoras.

5. Desinformação - O uso excessivo das redes sociais pode levar à propagação de desinformação e notícias falsas, o que pode ter um impacto negativo na sociedade como um todo. Isso pode levar a uma diminuição da confiança nas instituições e na mídia tradicional e pode prejudicar a capacidade das pessoas de tomar decisões informadas.

Os transtornos associados ao uso excessivo das redes sociais podem ter um impacto negativo significativo nas próximas gerações e na sociedade como um todo. É importante que as pessoas usem as redes sociais com moderação e estejam cientes dos riscos potenciais associados ao seu uso. Além disso, é importante que governos, empresas e outras instituições trabalhem juntos para abordar esses problemas e promover o uso saudável e equilibrado da tecnologia.

Como os governos podem influenciar na utilização das redes sociais sem impactar em quebra de direitos humanos em sociedades democráticas?

Os governos podem influenciar na utilização das redes sociais sem impactar na quebra de direitos humanos em sociedades democráticas, adotando algumas medidas, como:

1. Educação - O governo pode investir em programas de educação para conscientizar as pessoas sobre o uso responsável e saudável das redes sociais. Isso pode incluir a criação de campanhas de conscientização e a inclusão de programas de educação digital nas escolas.

2. Regulamentação - O governo pode criar leis e regulamentações para proteger a privacidade e a segurança dos usuários das redes sociais. Isso pode incluir a exigência de que as empresas respeitem a privacidade dos usuários e forneçam informações claras sobre como os dados são coletados e usados.

3. Parcerias com empresas - O governo pode trabalhar em parceria com empresas de tecnologia para desenvolver soluções para os problemas associados ao uso excessivo das redes sociais. Isso pode incluir a criação de ferramentas para limitar o tempo gasto nas redes sociais.

4. Promoção de mídia confiável - O governo pode promover a mídia confiável e incentivar as pessoas a verificar a veracidade das informações antes de compartilhá-las nas redes sociais. Isso pode incluir a criação de políticas que promovam a transparência e a imparcialidade na mídia.

5. Proteção da liberdade de expressão - O governo pode proteger a liberdade de expressão e garantir que as vozes de minorias e grupos marginalizados sejam ouvidas nas redes sociais. Isso pode incluir a promoção da diversidade e da inclusão nas redes sociais.

6. Promoção de boas práticas - O governo pode promover boas práticas para o uso das redes sociais, como a não disseminação de discursos de ódio e a não prática de cyberbullying. Isso pode incluir campanhas de conscientização e treinamentos para educar as pessoas sobre o comportamento adequado nas redes sociais.

7. Investimento em tecnologia - O governo pode investir em tecnologia para combater o uso abusivo das redes sociais, como o desenvolvimento de ferramentas de detecção automática de discursos de ódio e a criação de programas de inteligência artificial para ajudar a identificar conteúdo malicioso.

8. Apoio a organizações da sociedade civil - O governo pode apoiar organizações da sociedade civil que trabalham para promover a segurança e a privacidade dos usuários das redes sociais. Isso pode incluir a concessão de subsídios e o fornecimento de recursos para ajudar essas organizações a realizar seu trabalho.

9. Diálogo com empresas de tecnologia - O governo pode dialogar com empresas de tecnologia para discutir a criação de políticas que promovam o uso ético e responsável das redes sociais. Isso pode incluir a criação de fóruns de discussão e a realização de consultas públicas para ouvir as opiniões dos usuários e das partes interessadas.

10. Proteção dos direitos humanos - O governo pode proteger os direitos humanos dos usuários das redes sociais, incluindo o direito à privacidade, à liberdade de expressão e à proteção contra a discriminação. Isso pode incluir a criação de leis e regulamentações para proteger esses direitos e a promoção da transparência e da responsabilidade das empresas de tecnologia em relação às suas práticas.

11. Transparência - O governo pode exigir que as empresas de tecnologia sejam transparentes sobre suas políticas de privacidade e segurança de dados, bem como sobre o uso de algoritmos e inteligência artificial nas redes sociais. Isso pode ajudar a proteger os usuários contra violações de privacidade e discriminação.

12. Fortalecimento da regulamentação existente - O governo pode fortalecer as leis e regulamentações existentes para proteger a privacidade e a segurança dos usuários das redes sociais, bem como para garantir que as empresas de tecnologia sejam responsáveis por suas práticas comerciais.

13. Promoção da alfabetização digital - O governo pode investir em programas de alfabetização digital para capacitar os usuários das redes sociais a identificar e combater a desinformação, o discurso de ódio e outros comportamentos prejudiciais nas redes sociais.

14. Inclusão digital - O governo pode promover a inclusão digital para garantir que todos tenham acesso às redes sociais e às oportunidades que elas oferecem. Isso pode incluir a expansão do acesso à internet e a promoção de programas de capacitação para grupos marginalizados.

15. Parcerias internacionais - O governo pode trabalhar em parceria com outros países para desenvolver políticas e práticas globais para a regulamentação das redes sociais e para a proteção dos direitos humanos online.

Essas são apenas algumas das muitas ações que os governos podem adotar para influenciar na utilização das redes sociais sem impactar na quebra de direitos humanos em sociedades democráticas. É importante que essas medidas sejam implementadas em conjunto com outras partes interessadas, como empresas de tecnologia, organizações da sociedade civil e usuários das redes sociais, para garantir que sejam eficazes e respeitem os direitos humanos e a liberdade individual.

Pode-se relacionar o surgimento das redes sociais com um aumento ou diminuição da criminalidade nas sociedades?

Não há uma resposta simples para esta pergunta, já que o impacto das redes sociais na criminalidade pode variar muito dependendo do contexto social e cultural em que estão inseridas. No entanto, aqui estão alguns pontos a serem considerados:

1. Aumento da exposição - As redes sociais podem aumentar a exposição das pessoas a informações relacionadas à criminalidade, como notícias de crimes e relatos de violência. Isso pode levar a uma percepção de aumento da criminalidade, mesmo que a taxa de criminalidade real não tenha mudado.

2. Aumento do ciberbullying - As redes sociais também podem ser usadas para praticar o ciberbullying, que é uma forma de violência que pode afetar a saúde mental das pessoas. Embora o ciberbullying não seja considerado um crime em muitos países, ele pode ter consequências graves e levar a crimes como o suicídio.

3. Facilidade de acesso a informações - As redes sociais podem facilitar o acesso a informações sobre crimes, incluindo informações sobre como cometê-los. Isso pode levar a um aumento da criminalidade, especialmente em áreas onde a criminalidade já é alta.

4. Aumento da vigilância - As redes sociais também podem ser usadas para aumentar a vigilância em áreas com altas taxas de criminalidade. Isso pode levar a uma diminuição da criminalidade, já que os criminosos podem ser mais facilmente identificados e presos.

O impacto das redes sociais na criminalidade pode variar dependendo do contexto social e cultural em que estão inseridas. Embora as redes sociais possam aumentar a exposição das pessoas a informações relacionadas à criminalidade e facilitar o acesso a informações sobre crimes, elas também podem ser usadas para aumentar a vigilância e combater a criminalidade. É importante que as autoridades estejam cientes desses riscos e trabalhem para garantir que as redes sociais sejam usadas de maneira ética e responsável.

Você acha que as redes sociais podem ser usadas para prevenir crimes?

Sim, as redes sociais podem ser usadas para prevenir crimes de várias maneiras. Aqui estão alguns exemplos:

1.   Comunicação entre a polícia e a comunidade - As redes sociais podem ser usadas para melhorar a comunicação e a cooperação entre a polícia e a comunidade. Isso pode incluir a criação de grupos nas redes sociais onde as pessoas possam informar sobre atividades suspeitas ou compartilhar informações sobre crimes.

2.   Prevenção do cibercrime - As redes sociais podem ser usadas para combater o cibercrime, incluindo o roubo de identidade e o phishing. As empresas de tecnologia podem usar algoritmos para detectar atividades suspeitas e notificar os usuários sobre possíveis violações de segurança.

3.   Campanhas de conscientização - As redes sociais podem ser usadas para lançar campanhas de conscientização sobre a prevenção de crimes. Isso pode incluir informações sobre como identificar atividades suspeitas, como denunciar crimes e como se proteger contra o crime.

4.   Compartilhamento de informações - As redes sociais podem ser usadas para compartilhar informações sobre crimes e suspeitos. Isso pode ajudar a identificar e prender criminosos, bem como alertar a comunidade sobre possíveis ameaças.

5.   Monitoramento de atividades suspeitas - As redes sociais podem ser usadas para monitorar atividades suspeitas, incluindo o discurso de ódio e o assédio online. Isso pode ajudar a prevenir crimes de ódio e outros crimes relacionados à discriminação.

6.   Educação - As redes sociais podem ser usadas para educar as pessoas sobre a prevenção de crimes, incluindo informações sobre como identificar atividades suspeitas e como se proteger contra o crime. As campanhas de conscientização podem ser direcionadas a grupos específicos, como jovens em áreas de alto risco.

7.   Monitoramento de crimes em tempo real - As redes sociais podem ser usadas para monitorar crimes em tempo real, permitindo que a polícia e os serviços de emergência respondam mais rapidamente. Isso pode ser especialmente útil em situações de crise, como desastres naturais e ataques terroristas.

8.   Prevenção do tráfico humano - As redes sociais podem ser usadas para prevenir o tráfico humano, incluindo o tráfico de crianças e mulheres. As organizações que trabalham para combater o tráfico humano podem usar as redes sociais para alertar a comunidade sobre as táticas usadas pelos traficantes e para fornecer informações sobre como denunciar o crime.

9.   Identificação e prevenção de crimes de ódio - As redes sociais podem ser usadas para identificar e prevenir crimes de ódio, incluindo a disseminação de discurso de ódio e a incitação ao ódio. As organizações que trabalham para prevenir crimes de ódio podem usar as redes sociais para sensibilizar a comunidade e promover a tolerância e a diversidade.

10. Prevenção do bullying - As redes sociais podem ser usadas para prevenir o bullying, que é um problema sério em muitas escolas e comunidades. Os educadores e as organizações que trabalham para prevenir o bullying podem usar as redes sociais para fornecer informações sobre o assunto e para incentivar uma cultura de respeito e tolerância.

As redes sociais podem ser usadas de várias maneiras para prevenir crimes, incluindo a educação, o monitoramento em tempo real, a prevenção do tráfico humano, a identificação e prevenção de crimes de ódio e a prevenção do bullying. É importante que essas atividades sejam realizadas de maneira responsável e respeitando os direitos humanos e a privacidade dos usuários das redes sociais.

Cite alguns exemplos de campanhas realizadas nas redes sociais que contribuíram para a redução de crimes?

Existem vários exemplos de campanhas realizadas nas redes sociais que contribuíram para a redução de crimes. Aqui estão alguns deles:

1. #MeToo - A campanha #MeToo, lançada em 2017, encorajou as pessoas a compartilharem suas experiências de assédio sexual nas redes sociais. A campanha levou à abertura de inúmeras investigações sobre casos de assédio sexual e estupro, e inspirou muitas pessoas a denunciarem seus agressores. A campanha também ajudou a aumentar a conscientização sobre a prevalência do assédio sexual e a incentivar a mudança de comportamento.
2. Stop Hate for Profit - A campanha Stop Hate for Profit, lançada em 2020, pediu às empresas que suspendessem a publicidade nas redes sociais em protesto contra o discurso de ódio e a desinformação. A campanha levou a mudanças significativas nas políticas das empresas de tecnologia em relação à moderação do conteúdo. Embora ainda haja muito a ser feito para combater o discurso de ódio e a desinformação nas redes sociais, a campanha contribuiu para aumentar a conscientização e a pressão sobre as empresas de tecnologia.
3. #BlackLivesMatter - A campanha #BlackLivesMatter, lançada em 2013, tornou-se um movimento global que luta contra a violência policial e o racismo sistêmico. A campanha levou a mudanças significativas na legislação e nas políticas em muitos países, incluindo a reforma policial e a promoção da igualdade racial. A campanha também inspirou outras campanhas de conscientização sobre questões relacionadas à justiça social, como a igualdade de gênero e os direitos LGBTQ+.
4. Missing Children - A campanha Missing Children, lançada em 2011, usa as redes sociais para compartilhar informações sobre crianças desaparecidas. A campanha já ajudou a encontrar muitas crianças em todo o mundo, e é um exemplo de como as redes sociais podem ser usadas para fins benéficos. A campanha também ajudou a aumentar a conscientização sobre o problema do desaparecimento de crianças e a incentivar a ação para prevenir e resolver esses casos.

Esses são apenas alguns exemplos de campanhas realizadas nas redes sociais que contribuíram para a redução de crimes. As redes sociais podem ser uma ferramenta poderosa para mobilizar a comunidade e incentivar a mudança de comportamento, mas é importante lembrar que a moderação do conteúdo e o respeito pelos direitos humanos são fundamentais para garantir que as redes sociais sejam usadas de maneira responsável e positiva.

Cite também alguns exemplos de campanhas lançadas nas redes sociais que foram consideradas crimes ou algum tipo de violação dos direitos humanos?

Infelizmente, as redes sociais também podem ser usadas para disseminar conteúdo ilegal ou prejudicial, incluindo campanhas que violam os direitos humanos ou que são consideradas criminosas. Aqui estão alguns exemplos:

1. Campanhas de discurso de ódio - As redes sociais têm sido usadas para disseminar o discurso de ódio contra grupos minoritários, como os imigrantes, os refugiados e as pessoas LGBTQ+. Essas campanhas podem levar à discriminação, ao assédio e à violência contra esses grupos.

2. Campanhas de assédio e bullying - As redes sociais também são usadas para praticar o assédio e o bullying, incluindo o cyberbullying. Essas campanhas podem ter consequências graves para a saúde mental das vítimas, incluindo o suicídio.

3. Campanhas de incitação à violência - As redes sociais podem ser usadas para incitar à violência e ao terrorismo. Essas campanhas podem levar a atos de violência e terrorismo, colocando em risco a segurança pública.

4. Campanhas de desinformação - As redes sociais também são usadas para disseminar a desinformação, incluindo notícias falsas e teorias da conspiração. Essas campanhas podem levar à confusão e desconfiança na sociedade, e podem ter consequências graves para a saúde pública, incluindo a disseminação de informações erradas sobre vacinas e tratamentos.

5. Campanhas de pornografia infantil - As redes sociais também são usadas para disseminar a pornografia infantil, que é uma violação grave dos direitos humanos. Essas campanhas podem levar à exploração sexual de crianças e adolescentes, e podem ter consequências graves para a saúde mental e física das vítimas.

É importante que as autoridades estejam cientes desses riscos e trabalhem para garantir que as redes sociais sejam usadas de maneira ética e responsável. É fundamental que as empresas de tecnologia e os usuários das redes sociais trabalhem juntos para garantir que as redes sociais sejam seguras e respeitem os direitos humanos e a liberdade individual.

REDES SOCIAIS

Qual a relação das redes sociais com o surgimento de sociedades cada vez mais polarizadas?

As redes sociais podem contribuir para o surgimento de sociedades cada vez mais polarizadas de várias maneiras. Aqui estão alguns pontos a serem considerados:

1. Algoritmos de recomendação - As empresas de tecnologia usam algoritmos de recomendação para fornecer conteúdo personalizado aos usuários das redes sociais. Esses algoritmos podem levar à formação de bolhas de informação, onde os usuários são expostos apenas a informações que confirmam suas próprias crenças e opiniões. Isso pode levar à polarização, já que os usuários são menos expostos a pontos de vista diferentes dos seus.

2. Desinformação - As redes sociais também são usadas para disseminar a desinformação, incluindo notícias falsas e teorias da conspiração. Essas informações podem ser usadas para polarizar a sociedade, influenciando as opiniões e crenças das pessoas sobre questões importantes.

3. Discurso de ódio - As redes sociais também são usadas para disseminar o discurso de ódio contra grupos minoritários. Isso pode levar à polarização e à divisão na sociedade, já que os grupos minoritários são frequentemente vistos como "inimigos" pela maioria.

4. Echo chambers - As redes sociais podem criar "echo chambers", onde os usuários compartilham informações e opiniões apenas com pessoas que pensam da mesma forma que eles. Isso pode levar à polarização, já que os usuários são menos expostos a pontos de vista diferentes dos seus.

5. Manipulação da opinião pública - As redes sociais também podem ser usadas para manipular a opinião pública, incluindo a disseminação de notícias falsas e a criação de contas falsas para influenciar as opiniões dos usuários. Isso pode levar à polarização, já que os usuários são expostos a informações manipuladas e enganosas.

As redes sociais podem contribuir para o surgimento de sociedades cada vez mais polarizadas de várias maneiras, incluindo algoritmos de recomendação, desinformação, discurso de ódio, echo chambers e manipulação da opinião pública. É importante que os usuários das redes sociais estejam cientes desses riscos e trabalhem para garantir que suas interações nas redes sociais sejam baseadas em fatos, respeito e diálogo construtivo. Além disso, as empresas de tecnologia têm a responsabilidade de garantir que suas plataformas sejam seguras, éticas e respeitem os direitos humanos.

Como as empresas criadoras dessas redes sociais podem ser responsabilizadas por danos causados à sociedade, uma vez que podem utilizar métodos de manipulação e persuasão em benefício próprio?

As empresas criadoras das redes sociais podem ser responsabilizadas por danos causados à sociedade de várias maneiras, incluindo ações legais e regulamentações governamentais. Aqui estão algumas opções:

1. Regulamentações governamentais - Os governos podem criar regulamentações para monitorar as atividades das empresas de tecnologia, incluindo a forma como elas coletam e usam dados, a forma como gerenciam o conteúdo e a forma como se envolvem em práticas comerciais. Essas regulamentações podem ajudar a garantir que as empresas de tecnologia sejam responsáveis e respeitem os direitos humanos.

2. Ações legais - Os indivíduos e grupos afetados pelos danos causados pelas empresas de tecnologia podem entrar com ações legais para buscar compensação pelos danos sofridos. Isso pode incluir ações coletivas, que podem ser movidas em nome de um grupo de pessoas afetadas pelos danos.

3. Pressão pública - A pressão pública pode ser uma forma eficaz de responsabilizar as empresas de tecnologia por danos causados à sociedade. Isso pode incluir campanhas de sensibilização, petições online e boicotes de produtos e serviços das empresas de tecnologia.

4. Ética corporativa - As empresas de tecnologia também podem ser responsabilizadas por danos causados à sociedade por meio de práticas éticas corporativas. Isso pode incluir a criação de códigos de conduta que orientem o comportamento empresarial responsável e a promoção da transparência e da responsabilidade social.

5. Regulamentações governamentais mais rígidas - As empresas de tecnologia podem ser responsabilizadas por meio de regulamentações governamentais mais rígidas. Por exemplo, os governos podem exigir que as empresas de tecnologia sejam mais transparentes sobre a forma como coletam e usam dados dos usuários, ou podem exigir que as empresas de tecnologia respondam por conteúdo ilegal ou prejudicial que é compartilhado em suas plataformas.

6. Responsabilidade civil - As empresas de tecnologia também podem ser responsabilizadas por danos causados por meio de processos de responsabilidade civil. Isso pode incluir processos movidos por pessoas que sofreram danos como resultado do conteúdo ilegal ou prejudicial que foi compartilhado nas redes sociais. As empresas de tecnologia podem ser responsabilizadas por danos financeiros e outras formas de compensação.

7. Mudança de cultura corporativa - As empresas de tecnologia podem ser responsabilizadas por meio de pressão pública para mudar sua cultura corporativa. Isso pode incluir campanhas de conscientização pública, petições online e boicotes de produtos e serviços das empresas de tecnologia. A pressão pública pode levar as empresas de tecnologia a mudar suas práticas de negócios e adotar políticas mais responsáveis e respeitosas em relação aos direitos humanos e à privacidade do usuário.

8. Ações judiciais - As empresas de tecnologia também podem enfrentar ações judiciais movidas por governos ou empresas concorrentes. Por exemplo, as empresas de tecnologia podem ser processadas por práticas anticompetitivas, como o monopólio de um determinado mercado, ou por violações dos direitos autorais ou de patentes.

Qual o papel da Inteligência Artificial nas redes sociais?

A Inteligência Artificial (IA) desempenha um papel cada vez mais importante nas redes sociais. Aqui estão algumas maneiras pelas quais a IA é usada nas redes sociais:

1.   Algoritmos de recomendação - Os algoritmos de recomendação são uma aplicação comum da IA nas redes sociais. Esses algoritmos usam informações sobre o comportamento do usuário nas redes sociais para recomendar conteúdo personalizado, como posts, vídeos e anúncios. Esses algoritmos podem levar à formação de bolhas de informação, onde os usuários são expostos apenas a informações que confirmam suas próprias crenças e opiniões.
2.   Moderação de conteúdo - A IA é usada para moderar o conteúdo nas redes sociais, incluindo a detecção de spam, discurso de ódio e conteúdo ilegal. A IA pode ser treinada para reconhecer padrões de comportamento e linguagem que indicam a presença desses tipos de conteúdo. A moderação de conteúdo pode ser uma tarefa difícil e demorada, mas a IA pode ajudar as empresas de tecnologia a identificar e remover conteúdo prejudicial com mais eficiência.
3.   Reconhecimento facial - A IA também é usada para reconhecimento facial nas redes sociais. Isso pode ser usado para identificar usuários em fotos e vídeos, bem como para fornecer recursos de segurança, como a autenticação de usuários por meio de reconhecimento facial.
4.   Chatbots - Os chatbots são assistentes virtuais baseados em IA que podem ser usados para interagir com os usuários das redes sociais. Os chatbots podem ser usados para fornecer suporte ao cliente, responder a perguntas comuns e fornecer informações sobre produtos e serviços.
5.   Análise de dados - A IA é usada para analisar grandes quantidades de dados gerados nas redes sociais, incluindo dados demográficos, comportamentais e de engajamento. Esses dados podem ser usados para informar decisões de negócios, como estratégias de marketing e desenvolvimento de produtos.
6.   Personalização de anúncios - A IA é usada para personalizar anúncios nas redes sociais. Com base em dados demográficos, comportamentais e de engajamento, a IA pode ajudar as empresas de tecnologia a exibir anúncios relevantes para os usuários. Essa personalização pode aumentar a eficácia dos anúncios e levar a um melhor desempenho de marketing.
7.   Detecção de deepfakes - A IA é usada para detectar deepfakes, que são mídias manipuladas que parecem autênticas. Essas mídias podem ser usadas para disseminar desinformação e causar danos à reputação das pessoas. A IA pode ajudar a detectar deepfakes, analisando padrões de comportamento e linguagem que indicam a presença de mídias manipuladas.
8.   Melhoria da acessibilidade - A IA pode ser usada para melhorar a acessibilidade nas redes sociais. Por exemplo, a IA pode ser usada para gerar descrições de imagens para usuários com deficiência visual, ou para fornecer legendas automáticas para vídeos para usuários com deficiência auditiva.
9.   Detecção de comportamento suspeito - A IA pode ser usada para detectar comportamento suspeito nas redes sociais, incluindo atividades de spam, phishing e outras formas de fraude. A detecção de comportamento suspeito pode ajudar a proteger os usuários das redes sociais de ameaças online.
10. Melhoria da experiência do usuário - A IA pode ser usada para melhorar a experiência do usuário nas redes sociais. Por exemplo, a IA pode ser usada para recomendar novos amigos ou grupos com base nos interesses do usuário, ou para oferecer sugestões de postagem com base no histórico de postagens do usuário.

Quais os perigos que podemos encontrar no uso de IA nas redes sociais?

O uso da Inteligência Artificial (IA) nas redes sociais pode apresentar alguns perigos e desafios. Aqui estão alguns exemplos:

1. Viés algorítmico - Os algoritmos de IA usados para recomendar conteúdo nas redes sociais podem ser afetados pelo viés algorítmico, o que significa que podem perpetuar e amplificar preconceitos e desigualdades existentes. Por exemplo, os algoritmos de recomendação podem levar a uma exposição desproporcional a informações que confirmam as crenças e opiniões dos usuários, o que pode levar à polarização e à disseminação de desinformação.
2. Moderação de conteúdo inadequada - A IA usada para moderar o conteúdo nas redes sociais pode não ser capaz de distinguir adequadamente entre conteúdo prejudicial e conteúdo legítimo. Isso pode levar a uma moderação excessiva ou insuficiente, o que pode afetar a liberdade de expressão dos usuários das redes sociais.
3. Violação de privacidade - A IA usada para coletar e analisar dados dos usuários das redes sociais pode violar a privacidade dos usuários, especialmente se os dados forem usados sem o consentimento ou conhecimento dos usuários. A coleta e o uso indevidos de dados podem levar à exposição de informações pessoais e sensíveis, bem como à criação de perfis detalhados dos usuários.
4. Deepfakes - A IA pode ser usada para criar deepfakes, que são mídias manipuladas que parecem autênticas. Essas mídias podem ser usadas para disseminar desinformação e causar danos à reputação das pessoas. A detecção de deepfakes pode ser difícil, o que pode levar à propagação de informações falsas e enganosas nas redes sociais.
5. Dependência excessiva - A IA pode ser usada para automatizar muitos aspectos das interações nas redes sociais, como a moderação de conteúdo e o atendimento ao cliente. No entanto, a dependência excessiva da IA pode levar à perda de habilidades e capacidades humanas, bem como à redução da empatia e da compreensão interpessoal.
6. Propagação de discursos de ódio - A IA pode ser usada para identificar e remover conteúdo prejudicial, incluindo discursos de ódio, mas também pode ser usada para espalhar esses tipos de conteúdo. Por exemplo, os algoritmos de recomendação podem levar a uma exposição desproporcional a conteúdo extremista ou violento, o que pode levar à propagação de ideias perigosas e prejudiciais.
7. Manipulação de opinião pública - A IA pode ser usada para manipular a opinião pública, incluindo a disseminação de desinformação e a criação de perfis falsos para influenciar o comportamento dos usuários. Isso pode ter implicações significativas para a democracia e a integridade das eleições.
8. Discriminação - A IA pode perpetuar a discriminação, especialmente se os algoritmos forem treinados com dados que refletem desigualdades existentes. Por exemplo, os algoritmos de seleção de emprego podem perpetuar a discriminação de gênero ou raça se forem treinados com dados que refletem preconceitos existentes.
9. Falta de transparência - A IA pode ser complexa e difícil de entender, o que pode levar a uma falta de transparência. Os usuários podem não saber como os algoritmos de recomendação funcionam ou como seus dados estão sendo usados, o que pode levar a uma falta de confiança nas redes sociais.
10. Dependência tecnológica - A IA pode levar à dependência excessiva da tecnologia, o que pode ter consequências negativas para a saúde mental e o bem-estar dos usuários. Por exemplo, a exposição excessiva a conteúdo nas redes sociais pode levar à ansiedade, depressão e solidão.

REDES SOCIAIS

Qual o impacto das redes sociais nos mercados em geral?

As redes sociais têm um impacto significativo nos mercados em geral, incluindo o comportamento do consumidor, a publicidade e a reputação da marca. Aqui estão alguns exemplos:

1.   Comportamento do consumidor - As redes sociais têm um impacto significativo no comportamento do consumidor, o que pode afetar as tendências de compra, as preferências de marca e as decisões de compra. As redes sociais permitem que os consumidores pesquisem e descubram novos produtos e serviços, compartilhem experiências e opiniões e se conectem com marcas e outros consumidores.

2.   Publicidade - As redes sociais são uma forma eficaz de publicidade para muitas empresas, permitindo que elas alcancem um público amplo e segmentado com anúncios personalizados. Os algoritmos de recomendação das redes sociais permitem que as empresas direcionem anúncios com base nas preferências e no comportamento do usuário, o que pode aumentar a eficácia da publicidade.

3.   Reputação da marca - As redes sociais têm um impacto significativo na reputação da marca, permitindo que as empresas se envolvam com os consumidores, respondam a comentários e críticas e gerenciem a imagem da marca. As redes sociais também permitem que os consumidores compartilhem experiências positivas e negativas com outras pessoas, o que pode afetar a percepção da marca pelos consumidores.

4.   Vendas - As redes sociais podem influenciar diretamente nas vendas de uma empresa, permitindo que os consumidores comprem produtos e serviços diretamente nas plataformas de mídia social. Algumas redes sociais, como o Instagram, oferecem recursos de compras integrados, permitindo que os usuários comprem produtos sem sair da plataforma.

5.   Análise de dados - As redes sociais fornecem uma grande quantidade de dados sobre o comportamento do consumidor, o que pode ser usado pelas empresas para melhorar a eficácia de suas campanhas de marketing e publicidade. As empresas podem analisar os dados de engajamento, compartilhamento e comentários nas redes sociais para entender melhor as preferências e o comportamento do consumidor.

6.   Influência nas tendências de mercado - As redes sociais têm o poder de influenciar as tendências de mercado, especialmente quando se trata de produtos e serviços que são populares entre os influenciadores e usuários das redes sociais. Os influenciadores de mídia social podem ter um impacto significativo nas escolhas de compra dos seus seguidores, o que pode levar a um aumento na demanda por certos produtos e serviços.

7.   Mudança no comportamento de compra - As redes sociais têm o potencial de mudar o comportamento de compra dos consumidores, especialmente quando se trata de compras online. Os consumidores podem pesquisar produtos e serviços nas redes sociais, ler avaliações e comentários de outros usuários antes de tomar uma decisão de compra.

8.   Acesso a novos mercados - As redes sociais podem ajudar as empresas a acessar novos mercados, especialmente quando se trata de mercados internacionais. As empresas podem usar as redes sociais para se conectar com clientes em todo o mundo, criar conteúdo em vários idiomas e adaptar suas campanhas de marketing a diferentes culturas e mercados.

9.   Criação de comunidades - As redes sociais permitem que as empresas criem comunidades de fãs e clientes leais, o que pode ter um impacto significativo na lealdade do cliente e no valor da marca. As empresas podem usar as redes sociais para envolver seus clientes, compartilhar conteúdo exclusivo e criar uma conexão emocional com seus fãs e seguidores.

10. Monitoramento da concorrência - As redes sociais permitem que as empresas monitorem a atividade de seus concorrentes, incluindo as campanhas de marketing, a reputação da marca e o comportamento do cliente. As empresas podem usar essas informações para ajustar suas próprias estratégias de marketing e publicidade e se manter à frente da concorrência.

As redes sociais têm um impacto significativo nos mercados em geral, incluindo a influência nas tendências de mercado, a mudança no comportamento de compra, o acesso a novos mercados, a criação de comunidades e o monitoramento da concorrência. As empresas que desejam ter sucesso nos mercados em que atuam devem levar em consideração o impacto das redes sociais e desenvolver uma estratégia eficaz de presença nas redes sociais para envolver e conectar-se com seus clientes.

Cite alguns exemplos de empresas que tiveram sucesso na utilização das redes sociais.

Certamente, aqui estão alguns exemplos de empresas que tiveram sucesso na utilização das redes sociais:

1. Nike - A Nike é uma das empresas mais bem-sucedidas no uso das redes sociais, especialmente no Instagram. A empresa usa conteúdo visualmente atraente e inspirador para envolver seus seguidores e promover sua marca, produtos e valores. A Nike também colabora com influenciadores e celebridades para aumentar sua presença nas redes sociais.

2. Coca-Cola - A Coca-Cola é outra empresa que utiliza as redes sociais de maneira eficaz para promover sua marca e produtos. A empresa utiliza conteúdo visualmente atraente e criativo para envolver seus seguidores e criar uma conexão emocional com seus clientes. A Coca-Cola também é conhecida por suas campanhas de marketing socialmente responsáveis, que inspiram e motivam seus seguidores.

3. Airbnb - A Airbnb é uma empresa que usa as redes sociais para se conectar com seus clientes e promover sua plataforma de aluguel de imóveis. A empresa usa o Instagram e outras redes sociais para compartilhar fotos e histórias de viagens inspiradoras, bem como para promover seus anfitriões e suas casas únicas. A Airbnb também colabora com influenciadores e celebridades para aumentar sua presença nas redes sociais.

4. Netflix - A Netflix é uma empresa que utiliza as redes sociais para promover suas séries e filmes originais, bem como para se conectar com seus seguidores. A empresa usa o Twitter e outras redes sociais para compartilhar trailers, fotos e outros conteúdos exclusivos de suas produções, bem como para interagir com seus fãs e seguidores.

5. Starbucks - A Starbucks é uma empresa que utiliza as redes sociais para se conectar com seus clientes e promover sua marca, produtos e valores. A empresa usa o Instagram e outras redes sociais para compartilhar fotos de produtos visualmente atraentes e promover suas iniciativas sociais e ambientais. A Starbucks também é conhecida por colaborar com influenciadores e celebridades para aumentar sua presença nas redes sociais.

Essas empresas são exemplos de como as redes sociais podem ser usadas de maneira eficaz para promover uma marca, produtos e valores. Elas usam uma variedade de estratégias, incluindo conteúdo atraente e criativo, colaborações com influenciadores e celebridades, campanhas de marketing socialmente responsáveis e interações com os seguidores.

Cite exemplos de empresas que faliram por causa das redes sociais e qual o principal motivo.

Houve vários casos de empresas que faliram ou tiveram sérios prejuízos devido a problemas relacionados às redes sociais. Aqui estão alguns exemplos:

1. Kodak - A Kodak foi uma empresa líder no mercado de fotografia por décadas, mas acabou falindo em 2012. Uma das principais razões para a queda da Kodak foi a sua incapacidade de se adaptar às mudanças no mercado de fotografia digital, que foi impulsionado pelas redes sociais e dispositivos móveis. A empresa falhou em perceber a importância das redes sociais e da fotografia digital e não conseguiu acompanhar a concorrência.

2. Blockbuster - A Blockbuster foi uma empresa líder no mercado de aluguel de vídeos, mas acabou falindo em 2010. Uma das principais razões para a queda da Blockbuster foi a sua incapacidade de se adaptar às mudanças no mercado de entretenimento, que foi impulsionado pelas redes sociais e serviços de streaming. A empresa falhou em perceber a importância das redes sociais e da mudança nos hábitos de consumo dos clientes.

3. MySpace - O MySpace foi uma rede social pioneira que foi muito popular no início dos anos 2000, mas acabou perdendo popularidade e relevância para outras redes sociais, como o Facebook e o Twitter. Uma das principais razões para a queda do MySpace foi a sua incapacidade de inovar e se adaptar às mudanças no mercado de redes sociais. A empresa falhou em perceber a importância das redes sociais móveis e da mudança nos hábitos de consumo dos clientes.

4. Enron - A Enron foi uma das maiores empresas de energia dos Estados Unidos, mas acabou falindo em 2001 devido a um escândalo de contabilidade fraudulenta. A empresa usou as redes sociais para manipular as informações financeiras, atraindo investidores e ocultando suas verdadeiras finanças. A empresa falhou em perceber que suas ações seriam descobertas e divulgadas nas redes sociais, o que levou à sua falência.

5. Juicero - A Juicero foi uma empresa que produzia uma máquina de suco de alta tecnologia, mas acabou falindo em 2017 devido a críticas negativas nas redes sociais. A máquina era cara e a empresa exigia que os clientes comprassem sacos de suco exclusivos, o que resultou em críticas negativas nas redes sociais e uma diminuição nas vendas. A empresa falhou em perceber a importância da opinião dos clientes nas redes sociais e a necessidade de oferecer produtos acessíveis e de alta qualidade.

Esses são exemplos de empresas que faliram ou tiveram sérios prejuízos devido a problemas relacionados às redes sociais, incluindo a incapacidade de se adaptar às mudanças no mercado, falhas na inovação, escândalos de contabilidade fraudulenta e críticas negativas nas redes sociais. As empresas que desejam prosperar nos mercados em que atuam devem levar em consideração esses exemplos e desenvolver estratégias eficazes de presença nas redes sociais para se conectar com seus clientes e se adaptar às mudanças no mercado.

EDUCAÇÃO

Como a IA tem contribuído para a educação de forma geral?

A inteligência artificial (IA) tem o potencial de transformar a educação de várias maneiras, desde a personalização da aprendizagem até a automação de processos de ensino e aprendizagem. Aqui estão algumas maneiras pelas quais a IA tem contribuído para a educação de forma geral:

1. Personalização da aprendizagem - A IA pode ajudar a personalizar a aprendizagem para cada aluno, adaptando o conteúdo, o ritmo e o estilo de ensino às necessidades individuais. Com a ajuda da IA, os professores podem criar experiências de aprendizagem mais eficazes e personalizadas para cada aluno, levando em consideração suas habilidades, interesses e estilos de aprendizagem.

2. Análise de dados - A IA pode ajudar a analisar grandes quantidades de dados educacionais para identificar padrões, tendências e insights. A análise de dados pode ajudar os educadores a entender melhor o desempenho dos alunos, identificar áreas de melhoria e tomar decisões mais informadas sobre o ensino e a aprendizagem.

3. Automação de tarefas - A IA pode ajudar a automatizar tarefas rotineiras e repetitivas, como a correção automática de testes, a avaliação de trabalhos e a criação de relatórios. Isso pode liberar tempo e recursos para que os professores se concentrem em atividades mais significativas e importantes, como o planejamento de aulas e a interação com os alunos.

4. Tutoria virtual - A IA pode ajudar a fornecer tutoria virtual aos alunos, oferecendo feedback personalizado e adaptado às necessidades individuais. A tutoria virtual pode ser oferecida através de chatbots, assistentes virtuais e outras ferramentas de IA, permitindo que os alunos recebam ajuda e suporte em tempo real, sempre que precisarem.

5. Aprendizagem adaptativa - A IA pode ajudar a criar experiências de aprendizagem adaptativas, que se ajustam automaticamente ao nível de habilidade e conhecimento do aluno. Isso pode ajudar a garantir que cada aluno esteja sendo desafiado na medida certa e possa progredir em seu próprio ritmo.

6. Identificação e prevenção de problemas de aprendizagem - A IA pode ajudar a identificar e prevenir problemas de aprendizagem em estágios iniciais, permitindo que os educadores intervenham e ofereçam suporte antes que os problemas se agravem. Com a IA, os educadores podem monitorar o desempenho dos alunos em tempo real e identificar sinais de alerta, como dificuldades com habilidades específicas.

A IA tem o potencial de transformar a educação de várias maneiras, incluindo a personalização da aprendizagem, a análise de dados, a automação de tarefas, a tutoria virtual, a aprendizagem adaptativa e a identificação e prevenção de problemas de aprendizagem. Essas tecnologias podem ajudar a melhorar a eficácia e eficiência do ensino e da aprendizagem, permitindo que os educadores se concentrem em atividades mais significativas e importantes.

Qual o papel do professor neste novo contexto tecnológico, principalmente com o surgimento de plataformas de ensino que utilizam IA?

Embora a inteligência artificial (IA) possa oferecer muitos benefícios para a educação, o papel do professor continua sendo fundamental. Os professores desempenham um papel crucial na criação de um ambiente de aprendizagem eficaz e na orientação dos alunos em seu processo de aprendizagem. Aqui estão algumas maneiras pelas quais os professores podem desempenhar um papel importante no novo contexto tecnológico, incluindo plataformas de ensino que utilizam IA:

1. Personalização da aprendizagem - Embora a IA possa ajudar a personalizar a aprendizagem para cada aluno, os professores ainda são responsáveis por criar experiências de aprendizagem personalizadas e adaptadas às necessidades individuais dos alunos. Os professores podem usar as informações coletadas pela IA para identificar áreas de dificuldade nos alunos e adaptar o conteúdo e as atividades de aprendizagem para atender às necessidades individuais.

2. Análise de dados - Embora a IA possa ajudar a analisar grandes quantidades de dados educacionais, os professores ainda são responsáveis por interpretar e usar esses dados para tomar decisões informadas sobre o ensino e a aprendizagem. Os professores podem usar as informações coletadas pela IA para avaliar o desempenho dos alunos e identificar áreas de melhoria.

3. Automação de tarefas - Embora a IA possa ajudar a automatizar tarefas rotineiras e repetitivas, os professores ainda são responsáveis por supervisionar e avaliar o trabalho dos alunos. Os professores podem usar a IA para automatizar tarefas como a correção automática de testes, mas ainda precisam revisar e avaliar o trabalho dos alunos.

4. Tutoria virtual - Embora a IA possa ajudar a fornecer tutoria virtual aos alunos, os professores ainda são responsáveis por orientar e apoiar os alunos em seu processo de aprendizagem. Os professores podem usar a IA para fornecer feedback personalizado aos alunos, mas ainda precisam se envolver com os alunos e fornecer orientação e suporte em tempo real.

5. Aprendizagem adaptativa - Embora a IA possa ajudar a criar experiências de aprendizagem adaptativas, os professores ainda são responsáveis por acompanhar o progresso dos alunos e garantir que eles estejam sendo desafiados na medida certa. Os professores podem usar a IA para criar experiências de aprendizagem adaptativas, mas ainda precisam monitorar o progresso dos alunos e ajustar a abordagem de ensino conforme necessário.

EDUCAÇÃO

Cite algumas plataformas de educação que utilizam IA.

Existem várias plataformas de educação que utilizam inteligência artificial (IA) para melhorar a experiência de aprendizagem dos alunos e ajudar os educadores a personalizar o ensino. Aqui estão algumas das plataformas de educação que utilizam IA:

1.   Smart Sparrow - A Smart Sparrow é uma plataforma de aprendizagem adaptativa que utiliza IA para personalizar a aprendizagem para cada aluno. A plataforma permite que os educadores criem experiências de aprendizagem personalizadas e adaptadas às necessidades individuais dos alunos, oferecendo feedback personalizado e adaptado às necessidades de cada aluno.
2.   Carnegie Learning - A Carnegie Learning é uma plataforma de aprendizagem de matemática que utiliza IA para adaptar o conteúdo e as atividades de aprendizagem ao nível de habilidade de cada aluno. A plataforma oferece tutoria virtual aos alunos, permitindo que eles recebam ajuda e suporte em tempo real.
3.   DreamBox Learning - A DreamBox Learning é uma plataforma de aprendizagem de matemática para alunos do ensino fundamental que utiliza IA para personalizar a aprendizagem para cada aluno. A plataforma oferece um currículo adaptativo que se ajusta automaticamente ao nível de habilidade de cada aluno.
4.   Knewton - A Knewton é uma plataforma de aprendizagem adaptativa que utiliza IA para personalizar a aprendizagem para cada aluno. A plataforma oferece um currículo adaptativo que se ajusta automaticamente ao nível de habilidade de cada aluno, permitindo que eles progredam em seu próprio ritmo.
5.   Coursera - A Coursera é uma plataforma de ensino online que utiliza IA para personalizar a aprendizagem para cada aluno. A plataforma oferece cursos online ministrados por professores de universidades de renome, e utiliza IA para adaptar o conteúdo e as atividades de aprendizagem ao nível de habilidade de cada aluno.
6.   Duolingo - Uma plataforma de aprendizagem de idiomas que utiliza IA para personalizar a experiência de aprendizagem para cada aluno. A plataforma oferece lições interativas que se adaptam ao nível de habilidade de cada usuário, permitindo que eles aprendam em seu próprio ritmo.
7.   Edmentum - Uma plataforma de aprendizagem online que utiliza IA para personalizar a aprendizagem para cada aluno. A plataforma oferece um currículo adaptativo que se ajusta automaticamente ao nível de habilidade de cada aluno, permitindo que eles progredam em seu próprio ritmo.
8.   Gradescope - Uma plataforma de correção automática de testes que utiliza IA para analisar e avaliar as respostas dos alunos. A plataforma pode identificar padrões e tendências nos erros dos alunos, permitindo que os educadores identifiquem áreas de melhoria e personalizem o ensino para cada aluno.
9.   Brainly - Uma plataforma de perguntas e respostas que utiliza IA para fornecer respostas precisas e úteis aos alunos. A plataforma permite que os alunos façam perguntas e recebam respostas de outros alunos e tutores online, com a ajuda da IA para garantir a qualidade das respostas.
10. Squirrel AI - Uma plataforma de aprendizagem adaptativa que utiliza IA para personalizar a aprendizagem para cada aluno. A plataforma oferece um currículo adaptativo que se ajusta automaticamente ao nível de habilidade de cada aluno, permitindo que eles progredam em seu próprio ritmo.

Essas são apenas algumas das muitas plataformas de educação que utilizam IA para melhorar a experiência de aprendizagem dos alunos e ajudar os educadores a personalizar o ensino. A IA tem o potencial de transformar a educação, permitindo que os alunos aprendam de maneira mais eficaz e os educadores ofereçam um ensino mais personalizado e adaptado às necessidades individuais dos alunos.

EDUCAÇÃO

Qual o papel do professor e das escolas formais nesta nova era tecnológica?

O papel dos professores e das escolas formais é mais importante do que nunca nesta nova era tecnológica. Embora a tecnologia possa oferecer muitos benefícios para a educação, os professores e as escolas formais continuam sendo fundamentais para garantir que os alunos recebam uma educação de qualidade e sejam preparados para o mundo em constante mudança.

Aqui estão algumas maneiras pelas quais os professores e as escolas formais podem desempenhar um papel importante nesta nova era tecnológica:

1. Orientação e suporte - Os professores e as escolas formais podem fornecer orientação e suporte aos alunos em seu processo de aprendizagem. Embora a tecnologia possa oferecer muitas ferramentas e recursos para a aprendizagem, os alunos ainda precisam de orientação e suporte dos professores e de outros educadores.

2. Personalização da aprendizagem - Os professores e as escolas formais podem usar a tecnologia para personalizar a aprendizagem para cada aluno. Os professores podem usar ferramentas de IA para coletar e analisar dados sobre o desempenho dos alunos, identificar áreas de dificuldade e adaptar o conteúdo e as atividades de aprendizagem para atender às necessidades individuais dos alunos.

3. Ensino crítico e habilidades para a vida - Os professores e as escolas formais podem ajudar os alunos a desenvolver habilidades críticas e habilidades para a vida que são essenciais para o sucesso no mundo em constante mudança. Os professores podem usar a tecnologia para ajudar os alunos a desenvolver habilidades como pensamento crítico, resolução de problemas, colaboração e comunicação.

4. Preparação para o futuro - Os professores e as escolas formais podem ajudar os alunos a se preparar para o futuro, fornecendo habilidades, conhecimentos e experiências que são relevantes para o mundo em constante mudança. Os professores podem usar a tecnologia para ensinar habilidades técnicas e digitais que são essenciais para muitas carreiras, bem como habilidades sociais e emocionais que são importantes para o sucesso em todas as áreas da vida.

5. Avaliação e feedback - Os professores e as escolas formais podem usar a tecnologia para fornecer avaliação e feedback aos alunos sobre seu desempenho. Os professores podem usar ferramentas de IA para avaliar o desempenho dos alunos em tarefas como testes e trabalhos, bem como fornecer feedback personalizado aos alunos.

EDUCAÇÃO

Qual a maior dificuldade enfrentada atualmente pelos professores e escolas frente às novas tecnologias?

Uma das maiores dificuldades enfrentadas pelos professores e escolas frente às novas tecnologias é a integração efetiva da tecnologia na sala de aula. Embora a tecnologia possa oferecer muitos benefícios para a educação, muitos professores e escolas ainda estão enfrentando desafios ao tentar incorporar a tecnologia em suas práticas de ensino.

Algumas das principais dificuldades enfrentadas pelos professores e escolas incluem:

1. Falta de treinamento - Muitos professores e educadores não receberam treinamento adequado em como usar a tecnologia de forma eficaz na sala de aula. Isso pode resultar em professores que não se sentem confortáveis em usar a tecnologia ou não sabem como integrá-la em suas práticas de ensino.
2. Dificuldade em escolher as ferramentas certas - Com tantas opções disponíveis, pode ser difícil para os professores e escolas escolher as ferramentas e tecnologias certas para suas necessidades. Isso pode levar a um desperdício de tempo e recursos em ferramentas que não são eficazes para melhorar a aprendizagem dos alunos.
3. Desigualdade de acesso - Embora a tecnologia possa melhorar a aprendizagem, nem todos os alunos têm acesso igual a tecnologia em casa ou na escola. Isso pode criar uma lacuna na aprendizagem entre os alunos que têm acesso à tecnologia e aqueles que não têm.
4. Dependência excessiva - Alguns professores podem se tornar excessivamente dependentes da tecnologia, em vez de usar a tecnologia como uma ferramenta complementar para apoiar a aprendizagem dos alunos. Isso pode levar a uma falta de interação pessoal e feedback individualizado que são importantes para a aprendizagem dos alunos.
5. Questões de privacidade e segurança - À medida que mais dados são coletados sobre os alunos e suas atividades de aprendizagem, surgem preocupações sobre a privacidade e segurança desses dados. Os professores e as escolas precisam garantir que estão protegendo adequadamente os dados dos alunos e respeitando sua privacidade.

EDUCAÇÃO

Quais as principais mudanças ocorridas nas grades curriculares das escolas e universidades por causa das novas tecnologias?

As novas tecnologias têm tido um grande impacto nas grades curriculares das escolas e universidades. Aqui estão algumas das principais mudanças que ocorreram nas grades curriculares por causa das novas tecnologias:

1. Integração da tecnologia em todas as disciplinas - As escolas e universidades têm integrado a tecnologia em todas as disciplinas, desde história até matemática. Os professores têm incorporado o uso de ferramentas e recursos digitais em seus planos de aula, como jogos educacionais, simulações, vídeos, podcasts e plataformas online de aprendizagem.
2. Maior ênfase em habilidades digitais - As escolas e universidades têm aumentado a ênfase em habilidades digitais, como programação, codificação, análise de dados e segurança cibernética. Essas habilidades são cada vez mais importantes para muitas carreiras e são vistas como uma parte fundamental da educação.
3. Aprendizagem adaptativa e personalizada - As novas tecnologias permitem que as escolas e universidades ofereçam aprendizagem adaptativa e personalizada para cada aluno. As plataformas de aprendizagem adaptativa usam algoritmos de IA para personalizar o conteúdo e as atividades de aprendizagem para atender às necessidades e habilidades individuais de cada aluno.
4. Aprendizagem online - As escolas e universidades têm oferecido cada vez mais cursos online e programas de graduação. A aprendizagem online permite que os alunos estudem em seu próprio ritmo e em seu próprio horário, o que pode ser uma opção conveniente para muitos alunos.
5. Maior ênfase em habilidades sociais e emocionais - As escolas e universidades estão dando maior ênfase ao desenvolvimento de habilidades sociais e emocionais, como comunicação, colaboração e resolução de problemas. As novas tecnologias podem ser usadas para apoiar a aprendizagem dessas habilidades, por exemplo, usando plataformas de colaboração online e ferramentas de comunicação.
6. Introdução de novas disciplinas - As novas tecnologias têm levado à introdução de novas disciplinas, como ciência de dados, inteligência artificial, robótica e tecnologia da informação. Essas disciplinas são cada vez mais importantes para muitas carreiras e são vistas como uma parte fundamental da educação.

As novas tecnologias têm levado a mudanças significativas nas grades curriculares das escolas e universidades. As escolas e universidades estão integrando a tecnologia em todas as disciplinas, dando maior ênfase a habilidades digitais, oferecendo aprendizagem adaptativa e personalizada, oferecendo aprendizagem online, dando maior ênfase a habilidades sociais e emocionais e introduzindo novas disciplinas.

EDUCAÇÃO

E com a chegada das novas tecnologias de IA, quais mudanças podem ocorrer nas grades curriculares das escolas e universidades?

Com a chegada das novas tecnologias de IA (Inteligência Artificial), espera-se que ocorram mudanças significativas nas grades curriculares das escolas e universidades.

Aqui estão algumas das mudanças que podem ocorrer:

1. Maior ênfase em habilidades de IA - As escolas e universidades podem começar a oferecer disciplinas específicas em IA, como aprendizado de máquina, processamento de linguagem natural e robótica. Essas habilidades serão cada vez mais importantes para muitas carreiras e são vistas como uma parte fundamental da educação.

2. Integração da IA em todas as disciplinas - As escolas e universidades podem começar a integrar a IA em todas as disciplinas, desde história até matemática. Os professores podem incorporar o uso de ferramentas de IA em seus planos de aula, incluindo chatbots para responder a perguntas dos alunos, análise de dados para personalizar a aprendizagem e reconhecimento de voz para melhorar a acessibilidade para alunos com deficiência.

3. Aprendizagem adaptativa avançada - As tecnologias de IA permitem que as escolas e universidades ofereçam aprendizagem adaptativa ainda mais avançada, com algoritmos de IA capazes de monitorar o desempenho do aluno em tempo real e personalizar a experiência de aprendizagem para atender às suas necessidades e habilidades individuais.

4. Desenvolvimento de habilidades críticas relacionadas à IA - À medida que a IA se torna mais presente em nossas vidas, as escolas e universidades podem começar a enfatizar o desenvolvimento de habilidades críticas relacionadas à IA, como ética, privacidade, segurança e transparência na tomada de decisões automatizadas.

5. Colaboração interdisciplinar - A IA é uma área multidisciplinar que envolve ciência da computação, matemática, estatística e outras áreas. As escolas e universidades podem começar a incentivar a colaboração interdisciplinar entre diferentes disciplinas para ensinar aos alunos como a IA pode ser aplicada em diferentes campos.

EDUCAÇÃO

Quais são as ferramentas de IA que os professores podem usar em sala de aula?

Existem várias ferramentas de IA que os professores podem usar em sala de aula para melhorar a aprendizagem dos alunos. Aqui estão algumas das ferramentas de IA mais comuns que os professores podem usar:

1. Chatbots educacionais - Os chatbots educacionais são programas de computador que usam IA para responder a perguntas dos alunos em tempo real. Os chatbots podem ajudar os alunos a revisar o material, responder a perguntas sobre tarefas e projetos e fornecer feedback personalizado.

2. Plataformas de aprendizagem adaptativa - As plataformas de aprendizagem adaptativa usam algoritmos de IA para personalizar o conteúdo e as atividades de aprendizagem para atender às necessidades e habilidades individuais de cada aluno. As plataformas podem monitorar o desempenho do aluno em tempo real e ajustar a experiência de aprendizagem para melhorar a compreensão do aluno.

3. Reconhecimento de voz - As ferramentas de reconhecimento de voz usam IA para transcrever e entender a fala. Os professores podem usar essa tecnologia para melhorar a acessibilidade para alunos com deficiência, permitindo que eles participem em discussões em grupo e se comuniquem com o professor.

4. Ferramentas de análise de dados - As ferramentas de análise de dados usam IA para analisar grandes quantidades de dados e fornecer insights úteis. Os professores podem usar essa tecnologia para monitorar o progresso do aluno, identificar áreas em que os alunos estão lutando e personalizar a experiência de aprendizagem para cada aluno.

5. Ferramentas de autoria de conteúdo - As ferramentas de autoria de conteúdo usam IA para ajudar os professores a criar conteúdo educacional personalizado. Os professores podem usar essas ferramentas para criar conteúdo interativo, como jogos educacionais e simulações, que ajudam a melhorar a compreensão e a retenção do aluno.

EDUCAÇÃO

Como a IA pode ser aplicada em diferentes campos da educação?

A IA pode ser aplicada em diferentes campos da educação de várias maneiras. Aqui estão alguns exemplos de como a IA pode ser usada em diferentes áreas:

1. Ensino e aprendizagem personalizados - A IA pode ser usada para personalizar a experiência de ensino e aprendizagem para cada aluno. As plataformas de aprendizagem adaptativa usam algoritmos de IA para monitorar o desempenho do aluno em tempo real e personalizar o conteúdo, o ritmo e o estilo de ensino para atender às necessidades e habilidades individuais de cada aluno.

2. Assistência virtual - Chatbots educacionais e assistentes virtuais podem ajudar a responder às perguntas dos alunos e fornecer feedback personalizado. Os chatbots educacionais podem fornecer orientação e suporte para os alunos, liberando o tempo dos professores para se concentrar em tarefas mais complexas e interativas.

3. Análise de dados - A IA pode ser usada para analisar grandes quantidades de dados educacionais para identificar padrões e tendências. Os dados podem incluir informações sobre o desempenho do aluno, frequência e participação em sala de aula e outras métricas relevantes. A análise de dados pode ajudar a identificar áreas em que os alunos estão lutando e personalizar a experiência de aprendizagem para atender às suas necessidades.

4. Reconhecimento de voz e imagem - A IA pode ser usada para reconhecer voz e imagem para melhorar a acessibilidade para alunos com deficiência. As ferramentas de reconhecimento de voz podem transcrever a fala em tempo real, permitindo que os alunos participem em discussões em grupo e se comuniquem com o professor. As ferramentas de reconhecimento de imagem podem ajudar a identificar objetos e padrões em imagens, o que pode ser útil em áreas como ciências e matemática.

5. Autoria de conteúdo - Ferramentas de autoria de conteúdo usam IA para ajudar os professores a criar conteúdo educacional personalizado. Os professores podem usar essas ferramentas para criar conteúdo interativo, como jogos educacionais e simulações, que ajudam a melhorar a compreensão e a retenção do aluno.

A IA pode ser aplicada em diferentes campos da educação de várias maneiras, incluindo ensino e aprendizagem personalizados, assistência virtual, análise de dados, reconhecimento de voz e imagem e autoria de conteúdo. A IA pode ajudar a melhorar a eficiência e eficácia do ensino e a personalizar a experiência de aprendizagem para atender às necessidades individuais de cada aluno.

EDUCAÇÃO

O papel dos professores deixou de ser informativo para ser algo mais relacionado à orientação dos alunos, isso é uma afirmação correta?

Sim, essa afirmação é correta. Com a chegada das novas tecnologias e a crescente disponibilidade de informações na internet, o papel dos professores mudou de ser predominantemente informativo para ser mais orientador. Os alunos agora têm acesso a uma quantidade quase ilimitada de informações on-line, o que significa que os professores não precisam mais fornecer informações básicas ou fatos simples. Em vez disso, os professores estão cada vez mais desempenhando um papel de orientador, ajudando os alunos a desenvolver habilidades de pensamento crítico, a analisar informações e a aplicar conhecimentos em situações do mundo real.

Os professores agora são responsáveis por ajudar os alunos a desenvolver habilidades que não podem ser substituídas por tecnologia, como a capacidade de pensar criticamente, resolver problemas complexos, trabalhar em equipe e se comunicar de forma clara e eficaz. Além disso, os professores podem ajudar os alunos a desenvolver habilidades socioemocionais, como inteligência emocional, empatia e resiliência, que são cada vez mais importantes no mundo em rápida mudança de hoje.

Enquanto as tecnologias de informação e comunicação continuam a mudar a maneira como as pessoas aprendem e interagem com o mundo, o papel dos professores está evoluindo para ser mais orientador do que informativo, ajudando os alunos a desenvolver habilidades essenciais para ter sucesso na vida e no trabalho.

Tomando por base a resposta anterior, por que as escolas não incluem em suas grades curriculares, matérias como: Inteligência emocional, pensamento crítico, habilidades socioemocionais, entre outras?

Embora muitas escolas estejam começando a incluir habilidades socioemocionais, como inteligência emocional e pensamento crítico, em suas grades curriculares, ainda há uma falta de consenso sobre o que deve ser incluído e como deve ser ensinado. Alguns educadores e administradores escolares podem não ver essas habilidades como prioritárias em relação a outras matérias tradicionais, como matemática e ciências.

Além disso, muitas escolas podem não ter os recursos necessários para desenvolver e implementar um programa de habilidades socioemocionais de alta qualidade. Isso pode incluir a falta de professores treinados e experientes, materiais educativos adequados e tempo na programação para ensinar essas habilidades de forma eficaz.

Outra razão pela qual essas habilidades podem não ser incluídas nas grades curriculares é que tradicionalmente a avaliação do sucesso dos alunos tem sido baseada em testes padronizados de conhecimentos e habilidades acadêmicas. No entanto, pesquisas mostram que as habilidades socioemocionais são importantes para o sucesso acadêmico e profissional, além de desempenhar um papel na saúde mental e emocional dos alunos.

À medida que a importância dessas habilidades é cada vez mais reconhecida, muitas escolas estão começando a incluí-las em suas grades curriculares. No entanto, ainda há um longo caminho a percorrer para que sejam totalmente integradas e priorizadas em todo o sistema educacional.

EDUCAÇÃO

Podemos dizer então que é a falha a forma que hoje em dia os alunos são avaliados?

Não é correto afirmar que a forma como os alunos são avaliados hoje em dia é uma falha. No entanto, há uma crescente compreensão de que os métodos de avaliação tradicionais, que se concentram principalmente em testes padronizados, podem não ser adequados para medir a totalidade do aprendizado e das habilidades dos alunos, incluindo as habilidades socioemocionais e o pensamento crítico.

As habilidades socioemocionais, como inteligência emocional, resiliência e colaboração, são cada vez mais importantes no mundo em rápida mudança de hoje e podem ser essenciais para o sucesso acadêmico e profissional dos alunos. No entanto, essas habilidades são muitas vezes difíceis de avaliar por meio de testes padronizados e podem exigir métodos de avaliação mais holísticos, como portfólios, projetos e avaliações baseadas em desempenho.

Além disso, o pensamento crítico é uma habilidade que é cada vez mais valorizada no mundo em rápida mudança de hoje, mas nem sempre é facilmente avaliada por meio de testes padronizados. O pensamento crítico envolve a avaliação, análise e síntese de informações, bem como a aplicação de habilidades de resolução de problemas. Isso pode ser melhor avaliado por meio de avaliações de desempenho, projetos e outras formas de avaliação que permitem aos alunos demonstrar suas habilidades em situações do mundo real.

Embora os métodos de avaliação tradicionais possam ser úteis para medir o conhecimento e as habilidades acadêmicas dos alunos, há uma crescente compreensão de que eles podem não ser adequados para avaliar a totalidade do aprendizado e das habilidades dos alunos, incluindo as habilidades socioemocionais e o pensamento crítico. É importante que sejam desenvolvidos métodos de avaliação que permitam avaliar todas as habilidades importantes para o sucesso acadêmico e profissional dos alunos.

EDUCAÇÃO

Quais fraudes mais comuns passaram a ser encontradas nas escolas e universidades em decorrência da tecnologia e da IA?

Infelizmente, a tecnologia e a IA também podem ser usadas para cometer fraudes acadêmicas. Aqui estão algumas das fraudes mais comuns encontradas nas escolas e universidades em decorrência da tecnologia e da IA:

1. Plágio - O plágio é uma das formas mais comuns de fraude acadêmica. Com a disponibilidade de informações on-line, os alunos podem copiar e colar trechos de trabalhos sem citar a fonte. A IA pode ser usada para detectar plágio, comparando o texto do trabalho dos alunos com outras fontes on-line.

2. Uso indevido de ferramentas de tradução automática - As ferramentas de tradução automática são úteis para ajudar os alunos a entender o conteúdo em um idioma diferente, mas também podem ser usadas para traduzir trabalhos inteiros. Os alunos podem usar essas ferramentas para traduzir trabalhos de outras línguas e apresentá-los como seus próprios.

3. Contratação de serviços de redação de trabalhos - Os alunos podem contratar serviços de redação de trabalhos on-line para escrever trabalhos para eles. Esses serviços podem usar algoritmos de IA para gerar trabalhos personalizados para cada cliente.

4. Hacking de sistemas de notas - Os alunos podem usar técnicas de hacking para acessar os sistemas de notas de suas escolas ou universidades e alterar suas notas. Isso pode ser feito por meio de phishing ou por meio da exploração de vulnerabilidades nos sistemas de TI das instituições.

5. Uso de dispositivos eletrônicos para colar - Os alunos podem usar dispositivos eletrônicos, como smartphones e smartwatches, para colar em exames. Isso pode ser feito por meio do acesso a informações on-line ou por meio da troca de mensagens com outras pessoas durante o exame.

É importante que as escolas e universidades estejam cientes dessas fraudes e implementem medidas para preveni-las. Isso pode incluir o uso de ferramentas de detecção de plágio, monitoramento de atividades suspeitas em sistemas de TI, implementação de políticas claras de integridade acadêmica e educação dos alunos sobre as consequências das fraudes acadêmicas.

EDUCAÇÃO

De maneira geral e historicamente, podemos afirmar que as gerações estão evoluindo educacionalmente em virtude da tecnologia?

De maneira geral e histórica, podemos afirmar que as gerações estão evoluindo educacionalmente em virtude da tecnologia. A tecnologia tem sido uma força transformadora na educação, mudando a maneira como os alunos aprendem e os professores ensinam.

Com o advento da internet e a crescente disponibilidade de informações, os alunos agora têm acesso a uma quantidade quase ilimitada de recursos educacionais. Isso significa que os alunos podem aprender em seu próprio ritmo e escolher o tipo de mídia que melhor atende às suas necessidades de aprendizagem.

Além disso, a tecnologia também tem permitido a personalização da educação, com plataformas de aprendizado adaptativo que usam algoritmos de IA para personalizar a experiência de aprendizado para cada aluno. Isso pode ajudar os alunos a aprender de maneira mais eficaz e eficiente.

A tecnologia também tem permitido a colaboração em sala de aula, com ferramentas de comunicação on-line que permitem que os alunos trabalhem em equipe em projetos e tarefas. Isso pode ajudar os alunos a desenvolver habilidades sociais importantes, como comunicação, colaboração e trabalho em equipe.

No entanto, é importante notar que a evolução educacional não é uniforme entre todas as gerações e em todos os lugares do mundo. Nem todos os alunos têm acesso à tecnologia e aos recursos educacionais que ela oferece, e muitos ainda lutam com desafios como a falta de professores treinados e a infraestrutura inadequada. Além disso, a tecnologia também pode ter alguns efeitos negativos, como a distração e o isolamento social.

EDUCAÇÃO

Existem formas em que a IA possa atuar contra os efeitos negativos como a distração e o isolamento social, conforme mencionado acima?

Sim, a IA pode ser usada para ajudar a lidar com alguns dos efeitos negativos da tecnologia, como a distração e o isolamento social.

Por exemplo, a IA pode ser usada para criar sistemas de aprendizado adaptativo que podem ajudar os alunos a se concentrar mais em suas tarefas. Esses sistemas podem monitorar o comportamento do aluno e ajustar o nível de dificuldade e o tipo de conteúdo para atender às necessidades individuais de aprendizado.

Além disso, a IA pode ser usada para criar plataformas de aprendizado colaborativo que incentivam os alunos a trabalharem juntos em projetos e tarefas. Essas plataformas podem ajudar a promover a interação social entre os alunos e a reduzir o isolamento social.

A IA também pode ser usada para criar sistemas de suporte emocional que podem ajudar os alunos a lidar com o estresse e a ansiedade associados à aprendizagem. Por exemplo, chatbots de IA podem ser usados para fornecer suporte emocional personalizado aos alunos, oferecendo conselhos e orientações sobre como lidar com o estresse e as emoções negativas.

Além disso, a IA pode ser usada para criar sistemas de monitoramento de saúde mental que podem ajudar a identificar alunos que podem estar enfrentando problemas de saúde mental e conectá-los a recursos de apoio.

EDUCAÇÃO

Os pais também são uma peça fundamental na educação, como eles podem se utilizar das tecnologias atuais e de tecnologias de AI?

Sim, os pais são uma peça fundamental na educação de seus filhos e podem se utilizar das tecnologias atuais e de tecnologias de IA para apoiar o aprendizado de seus filhos.

Uma maneira pela qual os pais podem se utilizar da tecnologia é por meio de plataformas de aprendizado on-line. Muitas escolas agora usam plataformas de aprendizado on-line para fornecer tarefas e materiais de estudo para os alunos. Os pais podem se envolver com o aprendizado de seus filhos, monitorando essas plataformas e ajudando-os a completar as tarefas.

Além disso, os pais podem usar aplicativos de aprendizado para ajudar seus filhos a praticar habilidades acadêmicas, como matemática, leitura e escrita. Esses aplicativos podem ser personalizados para atender às necessidades individuais de aprendizado de cada criança e podem ajudar a tornar o aprendizado mais divertido e envolvente.

A IA também pode ser usada para ajudar os pais a monitorar o progresso acadêmico de seus filhos. Por exemplo, os pais podem usar aplicativos de IA para monitorar o desempenho de seus filhos e receber alertas quando um filho está lutando em uma determinada área.

Além disso, a IA pode ser usada para ajudar os pais a monitorar a atividade on-line de seus filhos e garantir que eles estejam seguros na internet. Por exemplo, os pais podem usar aplicativos de IA que monitoram a atividade on-line de seus filhos e alertam os pais quando encontram conteúdo inapropriado ou perigoso.

Os pais podem se utilizar das tecnologias atuais e de tecnologias de IA para apoiar o aprendizado de seus filhos, incluindo o uso de plataformas de aprendizado on-line, aplicativos de aprendizado, monitoramento de progresso acadêmico e monitoramento de atividade on-line. É importante que os pais sejam orientados sobre o uso seguro e adequado dessas tecnologias para garantir que seus filhos estejam tendo uma experiência de aprendizado positiva e segura.

EDUCAÇÃO

Como tornar a educação mais atrativa dos que as redes sociais, quais as soluções já existentes neste sentido?

Tornar a educação mais atrativa do que as redes sociais é um desafio, mas existem soluções que podem ajudar a tornar a educação mais interessante e envolvente para os alunos. Aqui estão algumas soluções que já existem neste sentido:

1.   Gamificação - A gamificação é uma técnica que usa elementos de jogos para tornar a aprendizagem mais divertida e engajante. Isso pode incluir a criação de jogos educacionais, recompensas e desafios que incentivam os alunos a aprender.
2.   Realidade virtual e aumentada - A realidade virtual e aumentada podem ser usadas para criar experiências de aprendizado imersivas que ajudam os alunos a se envolverem mais com o conteúdo. Por exemplo, um professor de história pode usar a realidade virtual para levar os alunos a uma visita virtual a um local histórico.
3.   Aprendizado colaborativo - O aprendizado colaborativo é uma abordagem que incentiva os alunos a trabalharem juntos em projetos e tarefas. Isso pode ajudar a promover a interação social entre os alunos e tornar a aprendizagem mais envolvente.
4.   Personalização do aprendizado - A personalização do aprendizado é uma abordagem que usa algoritmos de IA para personalizar a experiência de aprendizado para cada aluno. Isso pode ajudar a tornar a aprendizagem mais relevante e interessante para cada aluno.
5.   Uso de tecnologia familiar - Muitos alunos estão acostumados a usar tecnologia em suas vidas cotidianas. Ao incorporar tecnologia familiar em sala de aula, como smartphones e tablets, os alunos podem se sentir mais confortáveis e envolvidos com o conteúdo.

Para que estou estudando isso se não irá me servir para nada no futuro? Como responder a essa pergunta que muitos alunos fazem hoje em dia?

Essa é uma pergunta comum que muitos alunos fazem hoje em dia. É importante que os educadores e pais ajudem os alunos a entenderem a relevância do que estão aprendendo e como isso pode ser aplicado em suas vidas futuras.

Aqui estão algumas maneiras de responder a essa pergunta:

1.   Conexão com a vida real - Tente criar uma conexão entre o que os alunos estão aprendendo e a vida real. Mostre como o conhecimento adquirido na sala de aula pode ser aplicado em situações reais, como no trabalho, nas relações pessoais e na tomada de decisões.
2.   Habilidades para a vida - Muitas vezes, o que os alunos estão aprendendo na escola não é apenas um conjunto de fatos e informações, mas habilidades importantes para a vida, como pensamento crítico, resolução de problemas e comunicação. Explique como essas habilidades são valiosas em qualquer carreira ou campo de atuação.
3.   Preparação para o futuro - Os alunos podem não estar cientes de todas as carreiras e oportunidades que existem no mundo, e como o conhecimento adquirido na escola pode ser útil para essas carreiras. Explique como o conhecimento adquirido na escola pode prepará-los para uma variedade de oportunidades futuras.
4.   Ampliação de perspectivas - A educação pode ajudar os alunos a ampliar suas perspectivas e entender melhor o mundo ao seu redor. Explique como o conhecimento adquirido na escola pode ajudá-los a se tornarem cidadãos mais informados e engajados em suas comunidades.
5.   Paixão pelo aprendizado - Finalmente, tente enfatizar a importância de desenvolver uma paixão pelo aprendizado. Explique como o conhecimento e as habilidades adquiridos na escola podem ser usados para aprender coisas novas e interessantes ao longo da vida.

O aprendizado de idiomas deve desaparecer ao passo que novas tecnologias estão sendo criadas para que se permitam uma tradução simultânea em tempo real?

Não, o aprendizado de idiomas não deve desaparecer em função das novas tecnologias de tradução simultânea em tempo real. Embora essas tecnologias possam ser úteis em algumas situações, o aprendizado de idiomas continua sendo uma habilidade valiosa e importante por vários motivos:

1.   Comunicação eficaz - As tecnologias de tradução simultânea podem ser úteis para a comunicação básica em alguns contextos, mas o aprendizado de idiomas permite uma comunicação mais eficaz e precisa, especialmente em situações mais complexas ou delicadas.

2.   Compreensão cultural - O aprendizado de idiomas também permite uma compreensão mais profunda da cultura, história e tradições de outros países e povos. Isso pode ajudar a promover a compreensão e o respeito mútuo entre diferentes culturas.

3.   Oportunidades de carreira - O conhecimento de idiomas pode abrir portas para oportunidades de carreira em todo o mundo. Muitas empresas e organizações valorizam funcionários que falam mais de um idioma, especialmente em empresas internacionais.

4.   Desenvolvimento cognitivo - Aprender um novo idioma pode ajudar a desenvolver habilidades cognitivas, como a memória, a concentração e a resolução de problemas. Isso pode ter benefícios para o aprendizado em outras áreas também.

5.   Aprendizado ao longo da vida - O aprendizado de idiomas pode ser um processo de aprendizado ao longo da vida, permitindo que as pessoas expandam seus horizontes e aprendam coisas novas em qualquer idade.

Quais tipos de tecnologias estão surgindo que permitam uma maior inclusão social na parte educacional para pessoas com algum tipo de deficiência física ou mental?

Existem várias tecnologias emergentes que estão melhorando a inclusão social na educação para pessoas com deficiências físicas ou mentais. Aqui estão algumas delas:

1. Tecnologias de acessibilidade - Tecnologias de acessibilidade, como leitores de tela, teclados especiais, sistemas de reconhecimento de voz e dispositivos de rastreamento ocular, permitem que pessoas com deficiências físicas ou visuais possam acessar e interagir com a tecnologia e conteúdo digital.
2. Realidade virtual e aumentada - A realidade virtual e aumentada podem ser usadas para criar experiências de aprendizado imersivas e inclusivas para pessoas com deficiências. Por exemplo, a realidade virtual pode ser usada para simular experiências de campo para estudantes com deficiências físicas que não conseguem participar em atividades ao ar livre.
3. Tecnologias de aprendizado adaptativo - Tecnologias de aprendizado adaptativo usam algoritmos de IA para personalizar a experiência de aprendizado para as necessidades individuais de cada aluno, incluindo alunos com deficiências. Essas tecnologias podem ajudar a tornar o aprendizado mais acessível e eficaz para todos os alunos.
4. Tecnologias de comunicação - Tecnologias de comunicação, como o software de comunicação aumentativa e alternativa (CAA), podem ajudar pessoas com deficiências de fala ou linguagem a se comunicar. Essas tecnologias podem ser integradas ao ambiente de sala de aula para permitir que os alunos com deficiências se comuniquem e participem plenamente das atividades.
5. Robótica e dispositivos vestíveis - Robôs e dispositivos vestíveis podem ser usados para ajudar pessoas com deficiências motoras a realizar tarefas diárias e participar em atividades normais do dia-a-dia, incluindo atividades escolares.

E especificamente para os deficientes visuais?

Existem várias tecnologias que estão sendo desenvolvidas para permitir uma maior inclusão social na educação para pessoas com deficiência visual. Aqui estão algumas delas:

1. Leitores de tela - Os leitores de tela são programas de software que convertem texto em voz. Eles permitem que pessoas com deficiência visual possam acessar e interagir com o conteúdo digital, como sites, documentos e livros eletrônicos.
2. Softwares de reconhecimento de voz - Os softwares de reconhecimento de voz permitem que pessoas com deficiência visual possam usar a voz para controlar computadores, dispositivos móveis e outros equipamentos eletrônicos.
3. Braille eletrônico - Os dispositivos de braille eletrônico são equipamentos que convertem texto digital em braille, permitindo que pessoas com deficiência visual possam ler e escrever em braille.
4. Audiodescrição - A audiodescrição é uma técnica em que uma narração descreve o que está acontecendo em um vídeo ou imagem para pessoas com deficiência visual.
5. Realidade virtual e aumentada - A realidade virtual e aumentada podem ser usadas para criar experiências de aprendizado imersivas e inclusivas para pessoas com deficiência visual. Por exemplo, a realidade virtual pode ser usada para simular experiências de campo ou laboratório para estudantes com deficiência visual.
6. Tecnologia de reconhecimento de objetos - A tecnologia de reconhecimento de objetos pode ajudar pessoas com deficiência visual a identificar objetos e locais em seu ambiente, permitindo que eles se movam com mais facilidade e segurança.

Existem várias tecnologias que estão sendo desenvolvidas para permitir uma maior inclusão social na educação para pessoas com deficiência visual, incluindo leitores de tela, softwares de reconhecimento de voz, braille eletrônico, audiodescrição, realidade virtual e aumentada, e tecnologia de reconhecimento de objetos. É importante que as instituições de ensino estejam atentas a essas tecnologias e as integrem em seus ambientes de aprendizado para garantir que todos os alunos tenham acesso igualitário à educação.

PRIVACIDADE

Podemos dizer que a perda da privacidade foi a pior consequência da evolução da tecnologia?

Não é possível afirmar que a perda de privacidade é a pior consequência da evolução da tecnologia, pois existem diversas outras consequências negativas que também precisam ser consideradas. No entanto, é certo que a perda de privacidade é uma das consequências mais preocupantes da era digital em que vivemos.

Com o avanço da tecnologia e a proliferação de dispositivos conectados à internet, cada vez mais informações pessoais são coletadas, armazenadas e compartilhadas por empresas e governos. Isso pode levar a uma série de problemas, como o uso indevido de dados pessoais, a vigilância em massa e até mesmo o roubo de identidade.

Além disso, a perda de privacidade pode afetar negativamente a liberdade de expressão e a democracia, uma vez que as pessoas podem se sentir inibidas em expressar suas opiniões livremente se acharem que estão sendo monitoradas.

Portanto, embora não seja possível afirmar que a perda de privacidade é a pior consequência da evolução da tecnologia, é certo que é uma questão importante que precisa ser abordada para garantir a proteção dos direitos individuais e da sociedade como um todo.

Como podemos proteger nossos dados pessoais na era digital?

Proteger nossos dados pessoais na era digital é essencial para garantir nossa privacidade e segurança online. Existem algumas medidas que podemos tomar para proteger nossos dados pessoais:

1.   Use senhas fortes e únicas: Use senhas fortes e diferentes para cada conta online. Tente usar uma combinação de letras, números e caracteres especiais.
2.   Ative a autenticação de dois fatores: A autenticação de dois fatores adiciona uma camada extra de segurança à sua conta. Sempre que você fizer login em uma conta, será solicitado um código de segurança adicional que só você tem acesso.
3.   Mantenha seu software atualizado: Manter seu software atualizado ajuda a corrigir vulnerabilidades que podem ser exploradas por hackers. Certifique-se de atualizar seu sistema operacional, navegador e aplicativos regularmente.
4.   Limite a quantidade de informações pessoais que você compartilha online: Evite compartilhar informações pessoais sensíveis, como números de telefone, endereços e informações financeiras, em redes sociais ou outras plataformas online.
5.   Use uma VPN: Uma VPN (Rede Virtual Privada) ajuda a garantir sua privacidade online, criptografando seus dados e mascarando seu endereço IP.
6.   Leia a política de privacidade: Sempre leia a política de privacidade de um site ou aplicativo antes de compartilhar suas informações pessoais. Certifique-se de entender como suas informações serão usadas e compartilhadas.

Seguindo essas medidas, podemos ajudar a proteger nossos dados pessoais na era digital. No entanto, é importante lembrar que nenhum método é 100% eficaz, e sempre há o risco de violação de dados. Por isso, é importante estar sempre vigilante e tomar medidas adicionais para proteger nossas informações, como monitoramento de atividades suspeitas em nossas contas e uso de softwares de segurança confiáveis.

PRIVACIDADE

Existe alguma legislação que proteja a privacidade dos usuários na internet?

Sim, existem várias legislações em todo o mundo que visam proteger a privacidade dos usuários na internet. Algumas das principais são:

1.   Regulamento Geral de Proteção de Dados (GDPR): aprovado pela União Europeia em 2016 e em vigor desde 2018, o GDPR é uma lei abrangente de proteção de dados que estabelece regras para a coleta, processamento e armazenamento de informações pessoais dos cidadãos da UE.
2.   Lei Geral de Proteção de Dados Pessoais (LGPD): aprovada no Brasil em 2018 e em vigor desde 2020, a LGPD estabelece regras para a coleta, processamento e armazenamento de informações pessoais dos cidadãos brasileiros.
3.   Lei de Privacidade do Consumidor da Califórnia (CCPA): aprovada em 2018 e em vigor desde 2020, a CCPA é uma lei de privacidade que estabelece regras para a coleta e compartilhamento de informações pessoais dos consumidores na Califórnia.
4.   Lei de Proteção de Dados Pessoais da Índia (PDP Bill): aprovada em 2019, a PDP Bill estabelece uma estrutura para a proteção de dados pessoais na Índia.

Além dessas leis, outros países e regiões também têm suas próprias leis de proteção de dados e privacidade na internet. É importante que os usuários estejam cientes das leis em sua região e tomem medidas para proteger sua privacidade online. As empresas também precisam estar em conformidade com essas leis e garantir a proteção adequada dos dados pessoais de seus usuários.

Quais softwares de segurança confiáveis que podemos utilizar para proteger nossos dados pessoais na internet?

Existem vários softwares de segurança confiáveis que podemos utilizar para proteger nossos dados pessoais na internet. Aqui estão alguns exemplos:

1.   Antivírus: Um software antivírus pode ajudar a proteger seu computador contra malware, vírus e outras ameaças. Alguns exemplos de softwares antivírus incluem o Norton Antivirus, o McAfee Antivirus e o Avast Antivirus.
2.   Firewall: Um firewall é um software que ajuda a proteger seu computador contra ataques de hackers e outras ameaças. O Windows e o macOS têm firewalls integrados, mas também existem opções de terceiros, como o ZoneAlarm e o Comodo Firewall.
3.   Gerenciador de senhas: Um gerenciador de senhas ajuda a criar senhas fortes e únicas para cada uma de suas contas online. Alguns exemplos de gerenciadores de senhas incluem o LastPass, o Dashlane e o 1Password.
4.   VPN: Uma VPN (Rede Virtual Privada) ajuda a proteger sua privacidade online, criptografando seus dados e mascarando seu endereço IP. Alguns exemplos de VPNs incluem o NordVPN, o ExpressVPN e o CyberGhost VPN.
5.   Bloqueador de anúncios: Um bloqueador de anúncios pode ajudar a evitar que sites coletem informações sobre você e sua atividade online. Alguns exemplos de bloqueadores de anúncios incluem o AdBlock Plus, o uBlock Origin e o Privacy Badger.

É importante lembrar que nenhum software de segurança é perfeito e que a melhor forma de proteger seus dados pessoais na internet é adotar uma abordagem de segurança em camadas, combinando várias medidas de segurança diferentes para criar uma defesa forte contra ameaças online. Além disso, é importante manter todos os seus softwares atualizados e tomar cuidado ao abrir e-mails ou clicar em links suspeitos para evitar ser vítima de ataques de phishing e outras ameaças online.

Quais são os principais sinais que meus dados possam ter sido comprometidos?

Existem vários sinais que podem indicar que seus dados pessoais foram comprometidos ou que sua conta online foi violada. Aqui estão alguns dos principais sinais a serem observados:

1.   Atividades estranhas em suas contas online: Se você notar atividades estranhas em suas contas online, como logins não autorizados, mudanças nas configurações da conta ou compras que você não fez, é possível que sua conta tenha sido violada.
2.   Emails ou mensagens suspeitas: Se você receber um email ou mensagem suspeita que pareça ter sido enviado por uma empresa ou organização legítima, mas que solicite informações pessoais ou financeiras, isso pode ser um sinal de phishing ou fraude.
3.   Aparição de novas contas de crédito ou movimentações financeiras estranhas: Se você notar novas contas de crédito em seu nome ou movimentações financeiras que você não reconhece, é possível que alguém tenha roubado suas informações pessoais para cometer fraude financeira.
4.   Mensagens de amigos ou familiares sobre atividades estranhas em suas contas: Se amigos ou familiares entrarem em contato com você para dizer que receberam mensagens ou emails suspeitos de sua conta, isso pode ser um sinal de que sua conta foi violada.
5.   Problemas com seu computador ou dispositivo móvel: Se você notar problemas com seu computador ou dispositivo móvel, como um desempenho mais lento ou programas que não funcionam corretamente, pode ser um sinal de que seu dispositivo foi comprometido com malware ou vírus.

Se você notar qualquer um desses sinais, é importante tomar medidas imediatas para proteger suas informações pessoais e sua privacidade online. Isso pode incluir alterar suas senhas, entrar em contato com as empresas ou organizações relevantes e, em casos graves, contatar as autoridades policiais ou um especialista em segurança cibernética.

PRIVACIDADE

Quais são as penalidades para empresas que violam as leis de proteção de dados?

As penalidades para empresas que violam as leis de proteção de dados podem variar dependendo da região e da legislação específica em questão. No entanto, em geral, as penalidades podem incluir:

1. Multas: As empresas que violam as leis de proteção de dados podem ser multadas. O valor da multa pode variar de acordo com a gravidade da violação e pode ser uma porcentagem da receita da empresa ou um valor fixo.
2. Ações judiciais: As pessoas afetadas pela violação de dados podem entrar com ações judiciais contra a empresa responsável, buscando compensação por danos e perdas.
3. Proibições de processamento de dados: As empresas que violam as leis de proteção de dados podem ser proibidas de processar dados pessoais, o que pode ter um impacto significativo em suas operações.
4. Sanções administrativas: As autoridades de proteção de dados podem impor sanções administrativas, como ordens de cessação e desistência ou ordens de retificação.
5. Danos à reputação: As empresas que violam as leis de proteção de dados podem sofrer danos significativos à sua reputação, o que pode afetar negativamente seus negócios e relacionamentos com clientes.

Em geral, as penalidades para empresas que violam as leis de proteção de dados estão se tornando cada vez mais severas, à medida que governos e organizações de defesa do consumidor buscam proteger os direitos dos usuários e garantir a privacidade e segurança dos dados pessoais. Por isso, é importante que as empresas estejam em conformidade com as leis de proteção de dados e tomem medidas adequadas para proteger as informações pessoais de seus usuários.

Como a inteligência artificial pode ser usada para melhorar a privacidade dos usuários na internet?

A inteligência artificial (IA) pode ser usada para melhorar a privacidade dos usuários na internet de várias maneiras. Aqui estão alguns exemplos:

1. Detecção de fraudes e atividades suspeitas: A IA pode ser usada para detectar atividades suspeitas em contas de usuários e alertar as empresas para possíveis violações de dados ou fraudes.
2. Anonimização de dados: A IA pode ser usada para anonimizar os dados pessoais dos usuários, protegendo sua privacidade ao mesmo tempo em que permitindo que as empresas usem esses dados para análise e insights.
3. Personalização de privacidade: A IA pode ser usada para personalizar as configurações de privacidade dos usuários, fornecendo recomendações personalizadas com base em suas preferências e histórico de navegação.
4. Criptografia inteligente: A IA pode ser usada para fornecer criptografia inteligente de dados, garantindo que apenas as pessoas autorizadas possam acessar informações pessoais.
5. Detecção de ameaças cibernéticas: A IA pode ser usada para detectar ameaças cibernéticas, como phishing, malware e ataques de hackers, ajudando a proteger a privacidade dos usuários e a prevenir violações de dados.

Cite exemplos de empresas que já utilizam a IA para proteção de dados na internet.

Várias empresas já estão utilizando a inteligência artificial (IA) para proteger a privacidade dos usuários na internet. Aqui estão alguns exemplos:

1.   Google: O Google usa a IA para detectar e bloquear ameaças cibernéticas, bem como para fornecer recursos de privacidade, como a exclusão automática de dados de atividade.
2.   Microsoft: A Microsoft usa a IA para proteger suas plataformas e serviços de ameaças cibernéticas, bem como para fornecer recursos de privacidade, como o controle de privacidade do Windows 10.
3.   Facebook: O Facebook usa a IA para detectar atividades suspeitas em contas de usuários e para fornecer recursos de privacidade, como o controle de privacidade de dados de terceiros.
4.   IBM: A IBM usa a IA para proteger seus clientes de ameaças cibernéticas, bem como para fornecer recursos de privacidade, como a criptografia de dados empresariais.
5.   Apple: A Apple usa a IA para proteger a privacidade dos usuários do iPhone e do iPad, bem como para fornecer recursos de privacidade, como a navegação privada no Safari.

Essas são apenas algumas das empresas que estão usando IA para proteger a privacidade dos usuários na internet. À medida que a tecnologia continua a evoluir, é provável que mais empresas comecem a adotar a IA como parte de suas estratégias de privacidade e segurança cibernética.

Podemos afirmar que as redes sociais são o maior foco de potenciais violações de privacidade?

As redes sociais são um dos maiores focos de potenciais violações de privacidade, mas não são os únicos. As empresas de tecnologia em geral coletam muitos dados pessoais dos usuários, incluindo informações de navegação, dados de localização, informações de compra e muito mais. Esses dados podem ser usados para fins de publicidade direcionada, personalização de conteúdo, análise de dados e outras finalidades.

No entanto, é verdade que as redes sociais são especialmente preocupantes devido à grande quantidade de informações pessoais que os usuários compartilham nessas plataformas. Muitos usuários compartilham seus nomes completos, datas de nascimento, fotos, informações de contato e outras informações pessoais em suas contas de redes sociais. Além disso, as redes sociais muitas vezes permitem que os usuários compartilhem informações sobre suas atividades e interesses, o que pode ser usado para publicidade direcionada e outras finalidades.

Por isso, é importante que os usuários estejam cientes dos riscos de privacidade associados às redes sociais e tomem medidas para proteger suas informações pessoais, como limitar a quantidade de informações que compartilham online e ajustar as configurações de privacidade de suas contas. As empresas de tecnologia também precisam ser transparentes sobre suas práticas de coleta de dados e fornecer aos usuários opções claras e fáceis de usar para controlar suas informações pessoais.

Quais são as medidas que posso tomar para proteger minha privacidade nas redes sociais?

Existem várias medidas que você pode tomar para proteger sua privacidade nas redes sociais. Aqui estão algumas dicas importantes:

1.   Configure suas configurações de privacidade: Verifique as configurações de privacidade de sua conta e ajuste-as de acordo com suas preferências. Isso pode incluir limitar quem pode ver suas postagens, quem pode enviar solicitações de amizade e quem pode encontrar sua conta por meio de pesquisas.
2.   Limite as informações pessoais que você compartilha: Evite compartilhar informações pessoais sensíveis, como seu número de telefone, endereço ou informações de cartão de crédito, nas redes sociais. Além disso, tente limitar a quantidade de informações que você compartilha sobre sua vida pessoal.
3.   Verifique as permissões de aplicativos: Quando você usa aplicativos em suas redes sociais, esses aplicativos têm acesso a algumas de suas informações pessoais. Verifique as permissões de aplicativos e revogue o acesso de aplicativos que você não usa mais ou não confia.
4.   Use senhas fortes e únicas: Use senhas fortes e únicas para suas contas de redes sociais e altere-as regularmente. Isso pode ajudar a proteger sua conta de hackers.
5.   Esteja ciente de golpes de phishing: Esteja atento a golpes de phishing em que os golpistas tentam obter suas informações pessoais por meio de mensagens ou e-mails falsos. Não clique em links suspeitos ou forneça informações pessoais em resposta a solicitações não solicitadas.
6.   Use a autenticação de dois fatores: Ative a autenticação de dois fatores em suas contas de redes sociais para adicionar uma camada extra de segurança. Isso significa que você precisará fornecer um código de segurança adicional ao fazer login em sua conta.

Essas são apenas algumas das medidas que você pode tomar para proteger sua privacidade nas redes sociais. Em geral, é importante estar ciente dos riscos de privacidade associados às redes sociais e tomar medidas para proteger suas informações pessoais.

Quais foram os principais casos de violação de privacidade de governos?

Houve vários casos de violação de privacidade de governos em todo o mundo ao longo dos anos. Aqui estão alguns dos casos mais notáveis:

1.   Vigilância da NSA dos EUA: Em 2013, o ex-contratado da Agência de Segurança Nacional dos EUA (NSA), Edward Snowden, vazou documentos secretos que revelaram a extensão da vigilância em massa do governo dos EUA. A NSA foi acusada de coletar dados de milhões de americanos sem mandado judicial, além de espionar líderes e cidadãos estrangeiros.
2.   Escândalo Cambridge Analytica: Em 2018, o Facebook foi envolvido em um escândalo de privacidade quando se descobriu que a empresa de análise de dados Cambridge Analytica havia coletado informações pessoais de milhões de usuários do Facebook sem o consentimento deles. Essas informações foram usadas para influenciar as eleições presidenciais dos EUA em 2016.
3.   Vazamentos de informações da Equifax: Em 2017, a Equifax, uma das maiores agências de crédito dos EUA, revelou que hackers haviam acessado suas redes e roubado informações pessoais de mais de 145 milhões de americanos. As informações roubadas incluíam nomes, endereços, datas de nascimento e números de Seguro Social.
4.   Vazamento de informações da Sony Pictures: Em 2014, a Sony Pictures foi vítima de um ataque cibernético em que hackers roubaram informações pessoais de milhares de funcionários, incluindo nomes, endereços, números de telefone e informações financeiras.

Quais foram os principais casos de violação de privacidade em empresas privadas?

Houve vários casos de violação de privacidade em empresas ao longo dos anos. Aqui estão alguns dos casos mais notáveis:

1.   Escândalo Cambridge Analytica do Facebook: Em 2018, foi revelado que a Cambridge Analytica, uma empresa de análise de dados política, havia coletado informações pessoais de milhões de usuários do Facebook sem o consentimento deles. Essas informações foram usadas para influenciar as eleições presidenciais dos EUA em 2016.

2.   Vazamento de dados da Equifax: Em 2017, a agência de crédito Equifax sofreu um vazamento de dados que expôs informações pessoais de mais de 145 milhões de americanos, incluindo nomes, endereços, datas de nascimento e números de Seguro Social.

3.   Vazamento de dados da Yahoo: Em 2013 e 2014, a Yahoo sofreu dois vazamentos massivos de dados que expuseram informações pessoais de todos os seus usuários, incluindo nomes, endereços de e-mail, senhas e respostas de segurança.

4.   Vazamento de dados da Uber: Em 2016, a Uber sofreu um vazamento de dados que expôs informações pessoais de cerca de 57 milhões de usuários e motoristas, incluindo nomes, endereços de e-mail e números de telefone.

5.   Vazamento de dados do Marriott: Em 2018, a Marriott International revelou que hackers haviam roubado informações pessoais de até 500 milhões de clientes em seu banco de dados de reservas, incluindo nomes, endereços, números de telefone e informações de cartão de crédito.

Houve algum caso de falência por consequência de vazamento de dados?

Embora haja casos em que empresas sofreram perdas financeiras significativas devido a vazamentos de dados, não há relatos conhecidos de empresas que entraram em falência direta devido a um vazamento de dados. No entanto, esses incidentes podem ter um impacto significativo nas finanças e na reputação das empresas.

Um exemplo é o vazamento de dados da Equifax em 2017, que expôs informações pessoais de mais de 145 milhões de americanos. A Equifax enfrentou uma série de ações judiciais e multas regulatórias, e teve que gastar milhões de dólares em medidas de segurança e reparação de danos. Embora a empresa tenha enfrentado perdas significativas devido ao incidente, ela não entrou em falência.

Outro exemplo é o Yahoo, que sofreu dois grandes vazamentos de dados em 2013 e 2014, afetando bilhões de contas de usuários. Embora a empresa tenha enfrentado críticas significativas e uma queda na avaliação de suas ações, ela não entrou em falência e acabou sendo adquirida pela Verizon.

Embora não haja relatos conhecidos de empresas que tenham entrado em falência diretamente devido a um vazamento de dados, esses incidentes podem ter um impacto significativo nas finanças e na reputação das empresas. É fundamental que as empresas implementem medidas de segurança robustas para proteger as informações pessoais de seus clientes e minimizar o risco de vazamentos de dados.

Quando hackers invadem os sistemas de empresas e governos, o que normalmente pedem como resgate?

Quando hackers invadem os sistemas de empresas e governos, eles geralmente pedem um resgate em troca da restauração do acesso aos sistemas e dados que foram criptografados ou bloqueados. Esse tipo de ataque é conhecido como ransomware.

Os hackers geralmente exigem que o resgate seja pago em criptomoedas, como Bitcoin, para evitar serem rastreados. O valor do resgate pode variar de alguns milhares de dólares a milhões de dólares, dependendo da gravidade do ataque e do valor dos dados que foram criptografados ou bloqueados.

Além do resgate, os hackers também podem exigir outras condições para restaurar o acesso aos sistemas e dados, como a exigência de que a empresa ou governo não informe as autoridades policiais ou que não revele publicamente o ataque. Essas exigências podem dificultar a resolução do problema e a prevenção de futuros ataques.

No entanto, é importante notar que pagar um resgate não garante necessariamente a restauração do acesso aos sistemas e dados. Além disso, pagar o resgate pode incentivar os hackers a continuar realizando esse tipo de ataque, já que eles sabem que as empresas e governos estão dispostos a pagar pelo retorno dos dados.

Portanto, é fundamental que as empresas e governos implementem medidas de segurança robustas para prevenir ataques de ransomware e outros tipos de ataques cibernéticos, incluindo backups regulares de dados críticos, treinamento de funcionários em segurança cibernética e atualizações regulares de software e sistemas de segurança.

Qual foi o hacker mais famoso que se tem notícia pela grandiosidade do seu ataque?

Existem vários hackers famosos que se destacaram por seus ataques cibernéticos de grande escala. Aqui estão alguns dos exemplos mais notáveis:

1. Kevin Mitnick: Kevin Mitnick é considerado um dos hackers mais famosos da história da computação. Ele foi preso em 1995 após realizar uma série de ataques cibernéticos em empresas e instituições governamentais dos EUA.
2. Gary McKinnon: Gary McKinnon é um hacker britânico que ficou famoso por invadir os sistemas do Pentágono dos EUA em 2001. Ele foi acusado de causar danos de mais de US$ 800.000 e foi preso em 2002, mas evitou a extradição para os EUA.
3. Adrian Lamo: Adrian Lamo foi um hacker americano que ficou famoso por invadir os sistemas do The New York Times em 2002. Ele também invadiu os sistemas da Microsoft, Yahoo! e outras empresas. Ele foi preso em 2003 e mais tarde trabalhou como consultor de segurança cibernética.
4. Anonymous: Anonymous é um grupo de hackers sem líder, que se tornou conhecido por seus ataques cibernéticos a governos e empresas em todo o mundo. Eles realizaram uma série de ataques notáveis, incluindo a invasão dos sites da Mastercard, Visa e PayPal em 2010.
5. Guccifer 2.0: Guccifer 2.0 é um hacker ou grupo de hackers que afirmou ser responsável pelo vazamento de e-mails do Comitê Nacional Democrata dos EUA em 2016. Eles foram acusados de ter ligações com o governo russo e são considerados responsáveis por interferir nas eleições presidenciais dos EUA em 2016.

Esses são apenas alguns exemplos de hackers famosos que se destacaram por seus ataques cibernéticos de grande escala. No entanto, é importante notar que a maioria desses hackers foi presa e enfrentou acusações criminais por seus crimes.

Quais os perigos das guerras cibernéticas entre países inimigos?

As guerras cibernéticas entre países inimigos podem ter consequências graves e de longo prazo para a segurança e a estabilidade internacional. Aqui estão alguns dos perigos associados a esses conflitos:

1. Ataques contra infraestrutura crítica: Os ataques cibernéticos podem ser usados para interromper ou danificar infraestruturas críticas, como redes elétricas, sistemas de transporte e instalações de água e esgoto. Isso pode levar a interrupções significativas na vida cotidiana e na economia de um país.
2. Roubo de informações sensíveis: Os hackers podem invadir os sistemas de governos e empresas para roubar informações sensíveis, como segredos comerciais e informações militares. Isso pode prejudicar a capacidade de um país de se defender e de competir no cenário internacional.
3. Espionagem e sabotagem: Os hackers também podem ser usados para espionar e sabotar alvos estratégicos, como sistemas militares e de inteligência. Isso pode permitir que um país inimigo colete informações confidenciais ou cause danos significativos à capacidade de um país de se defender.
4. Propagação de desinformação: Os hackers podem ser usados para propagar desinformação e campanhas de influência online. Isso pode minar a confiança do público em instituições governamentais e na mídia, e levar a tensões sociais e políticas.
5. Aumento da escalada de conflitos: Os ataques cibernéticos podem ser usados para aumentar a escalada em conflitos internacionais. Isso pode levar a retaliações e aumentar a possibilidade de conflitos armados.

Esses são apenas alguns dos perigos associados às guerras cibernéticas entre países inimigos. É importante que os governos trabalhem juntos para prevenir esses ataques e garantir que a segurança e a estabilidade internacional sejam mantidas.

Existem países atualmente que estão em guerra cibernética?

Não há uma resposta clara para esta pergunta, pois a guerra cibernética é um fenômeno complexo e muitas vezes é difícil determinar se um país está envolvido em uma guerra cibernética. Além disso, muitos países evitam divulgar publicamente suas atividades cibernéticas, tornando difícil saber com certeza o que está acontecendo.

No entanto, há relatos de que vários países estão envolvidos em atividades cibernéticas que poderiam ser consideradas parte de uma guerra cibernética. Aqui estão alguns exemplos:

1.   China: A China é frequentemente acusada de realizar ataques cibernéticos contra governos e empresas estrangeiras para roubar segredos comerciais e militares. Alguns especialistas acreditam que a China está usando a guerra cibernética como uma forma de compensar sua inferioridade militar em relação aos EUA.
2.   Rússia: A Rússia é frequentemente acusada de realizar campanhas de desinformação e interferência eleitoral em países estrangeiros, como os EUA. A Rússia também é acusada de realizar ataques cibernéticos contra governos e empresas estrangeiras.
3.   Coreia do Norte: A Coreia do Norte é frequentemente acusada de realizar ataques cibernéticos contra governos e empresas estrangeiras como uma forma de gerar receita e aumentar sua capacidade militar.
4.   EUA: Os EUA são frequentemente acusados de realizar ataques cibernéticos contra governos e empresas estrangeiras para coletar informações de inteligência e sabotar as atividades de seus adversários.

Esses são apenas alguns exemplos de países que estão envolvidos em atividades cibernéticas que poderiam ser consideradas parte de uma guerra cibernética. É importante notar que a guerra cibernética é um fenômeno em rápida evolução e que muitos outros países também podem estar envolvidos em atividades cibernéticas que não são conhecidas publicamente.

Quais são as consequências de um país ser pego em uma guerra cibernética?

As consequências de um país ser pego em uma guerra cibernética podem ser graves e de longo prazo. Aqui estão algumas das possíveis consequências:

1.   Danos à infraestrutura crítica: Um país que é vítima de um ataque cibernético bem-sucedido pode sofrer danos à sua infraestrutura crítica, como sistemas de energia, transporte e comunicação. Isso pode levar a interrupções significativas na vida cotidiana e na economia do país.
2.   Roubo de informações confidenciais: Um país que sofre um ataque cibernético pode ter informações confidenciais roubadas, como segredos militares, informações de inteligência e informações de empresas privadas. Isso pode prejudicar a capacidade do país de se defender e competir no cenário internacional.
3.   Danos à reputação internacional: Um país que é pego em uma guerra cibernética pode sofrer danos à sua reputação internacional. Isso pode afetar negativamente suas relações diplomáticas com outros países e minar a confiança do público em suas instituições governamentais.
4.   Retaliação de outros países: Um país que é pego em uma guerra cibernética pode sofrer retaliação de outros países. Isso pode levar a uma escalada de conflitos internacionais e aumentar a possibilidade de conflitos armados.
5.   Custos financeiros: Um país que é vítima de um ataque cibernético pode enfrentar custos financeiros significativos para remediar os danos causados. Isso pode incluir a implementação de medidas de segurança cibernética mais robustas, o pagamento de resgates em caso de ransomware e a necessidade de reparar sistemas danificados.

Essas são apenas algumas das possíveis consequências de um país ser pego em uma guerra cibernética. É fundamental que os governos trabalhem juntos para prevenir esses ataques e garantir que a segurança e a estabilidade internacional sejam mantidas.

Quais os países que possuem a maior quantidade de hackers conhecidos por seus ataques?

Não há uma resposta clara para essa pergunta, pois é difícil determinar com precisão quantos hackers existem em cada país e quantos deles são conhecidos por seus ataques.

Além disso, muitos hackers operam anonimamente ou em grupos que não estão vinculados a um país específico.

No entanto, há vários países que são frequentemente associados a atividades de hacking notórias. Aqui estão alguns exemplos:

1. China: A China é frequentemente acusada de abrigar hackers que realizam ataques cibernéticos contra governos e empresas estrangeiras para roubar segredos comerciais e militares. O governo chinês nega essas acusações.
2. Rússia: A Rússia é frequentemente associada a hackers que realizam campanhas de desinformação e interferência eleitoral em países estrangeiros. A Rússia também é acusada de realizar ataques cibernéticos contra governos e empresas estrangeiras.
3. Coreia do Norte: A Coreia do Norte é conhecida por abrigar hackers que realizam ataques cibernéticos para gerar receita e aumentar sua capacidade militar.
4. EUA: Os EUA são conhecidos por abrigar hackers que realizam ataques cibernéticos contra governos e empresas estrangeiras para coletar informações de inteligência e sabotar as atividades de seus adversários.
5. Irã: O Irã é conhecido por abrigar hackers que realizam ataques cibernéticos contra governos e empresas estrangeiras, como parte de sua estratégia de defesa cibernética.

Esses são apenas alguns exemplos de países que são frequentemente associados a atividades de hacking notórias. É importante notar que muitos hackers operam anonimamente ou em grupos que não estão vinculados a um país específico, e que a maioria dos países condena atividades de hacking ilegais.

Quais são as principais diferenças entre hackers e crackers?

Embora às vezes os termos "hacker" e "cracker" sejam usados indistintamente, eles têm significados diferentes e referem-se a atividades distintas. Aqui estão as principais diferenças entre hackers e crackers:

1.   Objetivos: Os hackers geralmente têm objetivos benéficos e construtivos, como aprimorar a segurança cibernética e desenvolver novas tecnologias. Em contraste, os crackers geralmente têm objetivos maliciosos, como invadir sistemas de computador para roubar informações ou prejudicar a operação de sistemas.
2.   Ética: Os hackers geralmente aderem a padrões éticos e respeitam as leis, mesmo que possam desafiar normas sociais e convencionais. Eles geralmente desejam descobrir e explorar novas possibilidades tecnológicas, mas são conscientes das implicações éticas de suas ações. Os crackers, por outro lado, frequentemente violam leis e normas éticas em busca de objetivos maliciosos.
3.   Habilidades: Tanto hackers quanto crackers geralmente possuem habilidades técnicas avançadas em programação e segurança cibernética. No entanto, hackers geralmente possuem habilidades mais amplas em uma variedade de áreas tecnológicas, enquanto crackers geralmente se concentram em habilidades específicas para invadir sistemas e contornar medidas de segurança.
4.   Atividades: Os hackers geralmente se envolvem em atividades cibernéticas construtivas, como testes de penetração e desenvolvimento de software. Eles podem trabalhar para empresas de tecnologia, agências governamentais ou de segurança cibernética. Em contraste, os crackers geralmente se envolvem em atividades ilegais, como invasão de sistemas e roubo de informações confidenciais.

A principal diferença entre hackers e crackers é a intenção por trás de suas ações. Enquanto hackers geralmente buscam explorar novas possibilidades tecnológicas e melhorar a segurança cibernética, os crackers geralmente visam violar sistemas de computador para fins maliciosos.

Dê mais detalhes sobre os crackers.

Crackers são indivíduos que usam habilidades técnicas avançadas para invadir sistemas de computador, redes e dispositivos eletrônicos com o objetivo de roubar informações, prejudicar a operação de sistemas ou obter acesso não autorizado a recursos de computação. Em geral, os crackers são movidos por interesses mal-intencionados, como o desejo de obter lucro financeiro, espionar governos ou empresas, ou simplesmente causar danos.

Os crackers geralmente usam técnicas de invasão, como a exploração de vulnerabilidades de software, engenharia social, phishing e ataques de força bruta para contornar medidas de segurança e obter acesso a sistemas de computador. Eles podem usar softwares maliciosos, como vírus, worms e cavalos de Troia, para infectar sistemas e coletar informações.

Os crackers podem ser indivíduos independentes, membros de grupos de hacking ou criminosos organizados. Eles podem ter motivações políticas, financeiras ou pessoais para realizar seus ataques.

É importante notar que a atividade de hacking é geralmente distinta da atividade de cracking. Embora hackers possam usar suas habilidades técnicas para testar a segurança cibernética e encontrar vulnerabilidades, eles geralmente agem de maneira ética e legal.

Em contraste, os crackers geralmente agem de maneira maliciosa e ilegal, invadindo sistemas sem permissão e buscando causar danos ou obter benefícios pessoais ou financeiros.

PRIVACIDADE

Quais as principais técnicas utilizadas pelos hackers e crackers para invadir os sistemas de governos e empresas ou até mesmo invadir a privacidade de pessoas?

Existem várias técnicas utilizadas pelos hackers e crackers para invadir sistemas de governos, empresas e indivíduos. Aqui estão algumas das técnicas mais comuns:

1. Engenharia social: A engenharia social é uma técnica que visa enganar e manipular pessoas para que revelem informações confidenciais ou realizem ações que permitam o acesso não autorizado a sistemas de computador. Isso pode incluir técnicas como phishing, pretexting e spear phishing.
2. Exploração de vulnerabilidades: Os hackers podem explorar vulnerabilidades em sistemas de computador e software para acessar informações confidenciais ou ganhar acesso não autorizado a sistemas. Isso pode incluir a exploração de vulnerabilidades de software conhecidas, como o uso de exploits.
3. Malware: O malware é um software malicioso que é projetado para danificar sistemas de computador ou roubar informações. Isso pode incluir vírus, worms, cavalos de Troia e spyware. Os hackers podem usar o malware para acessar informações confidenciais, roubar senhas ou controlar sistemas de computador.
4. Ataques de força bruta: Os ataques de força bruta envolvem tentativas repetidas de adivinhar senhas ou códigos de acesso até que o acesso seja concedido. Isso pode ser feito manualmente ou por meio do uso de software automatizado.
5. Sniffing: O sniffing é uma técnica de monitoramento de rede que permite que os hackers interceptem e leiam o tráfego de rede não criptografado. Isso pode permitir que eles obtenham informações confidenciais, como senhas e informações de login.
6. Ataques de negação de serviço (DDoS): Os ataques de negação de serviço (DDoS) são ataques que visam incapacitar um sistema de computador ou rede, sobrecarregando-o com tráfego de rede excessivo. Isso pode impedir que os usuários legítimos acessem o sistema.

Essas são apenas algumas das técnicas que hackers e crackers podem usar para invadir sistemas de computador e obter acesso não autorizado a informações confidenciais. É importante que indivíduos e organizações tomem medidas de segurança adequadas para proteger seus sistemas e informações confidenciais contra essas ameaças.

PRIVACIDADE

Pessoas públicas ou politicamente expostas são mais susceptíveis a ataques de invasão de privacidade. Quais os casos mais famosos e quais as consequências destes ataques?

Pessoas públicas ou politicamente expostas, como celebridades, políticos e líderes empresariais, são frequentemente alvo de ataques de invasão de privacidade. Aqui estão alguns dos casos mais famosos e as consequências desses ataques:

1. Escândalo de hacking da Sony Pictures: Em 2014, a Sony Pictures foi alvo de um grande ataque cibernético que resultou no vazamento de informações confidenciais, incluindo e-mails, documentos internos e informações financeiras. O ataque foi atribuído a hackers norte-coreanos em retaliação ao filme "A Entrevista", que retratava o líder norte-coreano Kim Jong-un de maneira satírica. O ataque resultou em danos financeiros significativos para a Sony Pictures e levou ao vazamento de informações embaraçosas sobre a empresa e seus executivos.

2. Vazamento de fotos nuas de celebridades: Em 2014, uma série de fotos íntimas de celebridades, incluindo Jennifer Lawrence, Kate Upton e Kirsten Dunst, foram vazadas na Internet. O vazamento foi atribuído a hackers que invadiram contas de armazenamento em nuvem das celebridades usando técnicas de phishing e ataque de força bruta. O vazamento levou a uma discussão pública sobre a privacidade on-line e a segurança de dados pessoais.

3. Vazamento de e-mails do Comitê Nacional Democrata: Em 2016, o Comitê Nacional Democrata dos Estados Unidos foi alvo de um ataque cibernético que resultou no vazamento de milhares de e-mails internos. O ataque foi atribuído a hackers russos que buscavam influenciar a eleição presidencial dos Estados Unidos naquele ano. O vazamento levou a uma controvérsia política sobre a interferência estrangeira nas eleições dos EUA e levou a uma série de investigações governamentais e processos judiciais.

4. Ataques de phishing contra políticos: Em 2020, vários políticos dos Estados Unidos e de outros países foram alvo de ataques de phishing que visavam roubar senhas e informações de login de contas de e-mail. Os ataques foram atribuídos a hackers estrangeiros em busca de informações confidenciais sobre políticas e estratégias governamentais. O vazamento dessas informações pode ter implicações significativas para a política e a segurança nacional.

Esses são apenas alguns exemplos de como as pessoas públicas ou politicamente expostas são vulneráveis a ataques de invasão de privacidade. Esses ataques podem ter consequências significativas, incluindo danos financeiros, perda de reputação e impacto na política e segurança nacional. É importante que as pessoas públicas e as organizações tomem medidas de segurança adequadas para proteger suas informações confidenciais e privacidade.

Poderia citar outros exemplos?

Claro, aqui estão mais alguns exemplos de casos famosos de invasão de privacidade de pessoas públicas:

1. Escândalo de hacking da iCloud: Em 2014, vários usuários do serviço de armazenamento em nuvem iCloud da Apple tiveram suas contas invadidas e suas fotos pessoais, incluindo fotos íntimas, roubadas e vazadas na internet. O ataque foi atribuído a um grupo de hackers que usaram técnicas de phishing e engenharia social para obter acesso às contas dos usuários.

2. WikiLeaks: O site WikiLeaks é conhecido por publicar documentos confidenciais de governos e empresas. Em 2010, o site publicou um grande volume de documentos classificados do governo dos Estados Unidos que foram vazados por Chelsea Manning, ex-analista de inteligência do Exército dos EUA. Os documentos incluíam informações sobre ações militares dos EUA no Iraque e no Afeganistão, bem como comunicações diplomáticas confidenciais.

3. Escândalo de espionagem da NSA: Em 2013, o ex-contratado da Agência de Segurança Nacional dos EUA (NSA), Edward Snowden, vazou informações confidenciais sobre programas de vigilância em massa da NSA. As revelações levantaram questões sobre a privacidade dos cidadãos dos EUA e de outros países e levaram a um debate público sobre a vigilância governamental.

Ataque de phishing contra a campanha presidencial de Emmanuel Macron: Em 2017, a campanha presidencial do presidente francês Emmanuel Macron foi alvo de um ataque de phishing que visava roubar senhas e informações de login da equipe de campanha. O ataque foi atribuído a hackers russos que buscavam influenciar a eleição presidencial francesa daquele ano. O vazamento dessas informações poderia ter afetado o resultado da eleição.

Considerações Finais

Caro(a) leitor(a),

Gostaria de expressar minha profunda gratidão por terem adquirido meu primeiro livro. Saber que ele encontrou um lugar em suas vidas é algo que me deixa imensamente feliz e honrado.

Escrever um livro é um processo que exige muito trabalho e dedicação, mas saber que ele pode trazer algo de positivo para a vida de alguém é o que torna todo o esforço válido. Por isso, não poderia deixar de agradecer a vocês por terem dado uma chance ao meu trabalho e por terem se permitido mergulhar nas páginas que escrevi.

Espero que a leitura tenha sido agradável e enriquecedora, que tenha proporcionado momentos de reflexão e inspiração. E que, de alguma forma, tenha contribuído para tornar o dia a dia de vocês um pouco mais leve e interessante.

Novamente, muito obrigado por terem comprado meu livro e por terem feito parte dessa jornada comigo. Espero que possamos continuar compartilhando ideias e experiências no futuro.

Com gratidão,

Rogério Froiman